Noack / Unger / Akveld / Geretschläger
Mathe mit dem Känguru 5

 Bleiben Sie auf dem Laufenden!

Hanser Newsletter informieren Sie regelmäßig über neue Bücher und Termine aus den verschiedenen Bereichen der Technik. Profitieren Sie auch von Gewinnspielen und exklusiven Leseproben. Gleich anmelden unter

www.hanser-fachbuch.de/newsletter

Herausgeber sind die leitenden Organisatoren des Känguru-Wettbewerbes in ihren Ländern:

Dipl.-Math. Alexander Unger, Deutschland
https://www.mathe-kaenguru.de/

Dr. Monika Noack, Deutschland
https://www.mathe-kaenguru.de/

Dr. Robert Geretschläger, Österreich
http://www.kaenguru.at/

Dr. Meike Akveld, Schweiz
https://www.kaenguru-schweiz.ch/

Alexander Unger
Monika Noack
Robert Geretschläger
Meike Akveld

Mathe mit dem Känguru 5

25 Jahre Känguru-Wettbewerb:
Die interessantesten und schönsten Aufgaben von 2015 bis 2019

Herausgeber:

Dipl.-Math. Alexander Unger
Humboldt-Universität zu Berlin
Institut für Mathematik

Dr. rer. nat. Monika Noack
Humboldt-Universität zu Berlin
Institut für Mathematik

Dr. Robert Geretschläger
Bunderrealgymnasium Kepler Graz

Dr. Meike Akveld
ETH Zürich

Alle in diesem Buch enthaltenen Informationen wurden nach bestem Wissen zusammengestellt und mit Sorgfalt geprüft und getestet. Dennoch sind Fehler nicht ganz auszuschließen. Aus diesem Grund sind die im vorliegenden Buch enthaltenen Informationen mit keiner Verpflichtung oder Garantie irgendeiner Art verbunden. Autor(en, Herausgeber) und Verlag übernehmen infolgedessen keine Verantwortung und werden keine daraus folgende oder sonstige Haftung übernehmen, die auf irgendeine Weise aus der Benutzung dieser Informationen – oder Teilen davon – entsteht. Ebenso wenig übernehmen Autor(en, Herausgeber) und Verlag die Gewähr dafür, dass die beschriebenen Verfahren usw. frei von Schutzrechten Dritter sind. Die Wiedergabe von Gebrauchsnamen, Handelsnamen, Warenbezeichnungen usw. in diesem Werk berechtigt auch ohne besondere Kennzeichnung nicht zu der Annahme, dass solche Namen im Sinne der Warenzeichen- und Markenschutz-Gesetzgebung als frei zu betrachten wären und daher von jedermann benutzt werden dürften.

Bibliografische Information der Deutschen Nationalbibliothek:
Die Deutsche Nationalbibliothek verzeichnet diese Publikation in der Deutschen Nationalbibliografie; detaillierte bibliografische Daten sind im Internet über http://dnb.d-nb.de abrufbar.

Dieses Werk ist urheberrechtlich geschützt.
Alle Rechte, auch die der Übersetzung, des Nachdruckes und der Vervielfältigung desBuches, oder Teilen daraus, vorbehalten. Kein Teil des Werkes darf ohne schriftliche Genehmigung des Verlages in irgendeiner Form (Fotokopie, Mikrofilm oder ein anderes Verfahren) – auch nicht für Zwecke der Unterrichtsgestaltung – reproduziert oder unter Verwendung elektronischer Systeme verarbeitet, vervielfältigt oder verbreitet werden.

© 2020 Carl Hanser Verlag München
Kolbergerstraße 22 | 81679 München | info@hanser.de
Internet: www.hanser-fachbuch.de

Lektorat: Dipl.-Ing. Natalia Silakova-Herzberg
Herstellung: Anne Kurth
Satz: Monika Noack, Berlin
Coverentwurf: Steffen Blankenburg, www.elephant-castle.de
Coverrealisierung: Max Kostopoulos
Druck und Binden: CPI books GmbH, Leck
Printed in Germany

Print-ISBN: 978-3-446-45655-6
E-Book-ISBN: 978-3-446-46156-7

Vorwort

Als der internationale Känguru-Wettbewerb ins Leben gerufen wurde, war es der Wunsch der Initiatoren, damit einen spürbaren Beitrag zur Popularisierung der Mathematik zu leisten. Die Idee für den Wettbewerb stammt aus Australien – daher auch der Name „Känguru der Mathematik". In immer mehr Ländern fanden sich Mitstreiter, und heute gehört der Känguru-Wettbewerb zu den teilnehmerstärksten Schülerwettbewerben der Welt. Allein in unseren drei Teilnehmerländern, Deutschland, Österreich und Schweiz, sind jedes Jahr mehr als eine Million Kinder und Jugendliche dabei.

Ziel des Känguru-Wettbewerbs ist es vor allem, für eine lustvolle Beschäftigung mit Mathematik und für ihre positive Wahrnehmung in der Gesellschaft zu werben. Mathematik ist ein wichtiger Teil unserer Kulturgeschichte und spielt gerade heute, in einer Zeit, die von technologischen Entwicklungen in rasantem Tempo geprägt ist, eine herausragende Rolle. Die Schulen dabei zu unterstützen, junge Menschen mit typischen mathematischen Fragestellungen und Werkzeugen vertraut zu machen, und das auch spielerisch, das ist ein wichtiges Anliegen des Känguru-Wettbewerbs.

Die Aufgaben des Känguru-Wettbewerbs sind im Multiple-Choice-Format gestellt. Natürlich ist für die Mathematik das Begründen eines Resultats unverzichtbar und darf keinesfalls vergessen werden. Allerdings gelingt es mit dem Wettbewerb gerade dadurch, dass nicht jede gefundene oder manchmal auch nur erahnte Lösung schriftlich exakt begründet werden muss, Lernende für die Beschäftigung mit mathematischen Fragestellungen aufzuschließen. Und letztlich gehören geschicktes Probieren, ein sicheres Gefühl für Größenordnungen, Vorstellungsvermögen und Intuition sehr wohl zum mathematischen Arbeiten dazu.

Mit den in diesem Buch gesammelten Aufgaben hoffen wir, neben Lust auf Mathematik auch ein wenig das Staunen über die Vielfalt mathematischer Fragestellungen zu befördern. Die Attraktivität der Beispiele rührt zu einem großen Teil daher, dass aus den 80 Teilnehmerländern Ideen einfließen, in denen sich unterschiedliche mathematische und mathematikdidaktische Traditionen widerspiegeln. Beim jährlichen Treffen des internationalen Vereins „Kangourou sans frontières" werden von den Aufgabenvorschlägen aus den Ländern die schönsten ausgewählt und anschließend mit Liebe und Witz in die jeweilige Landessprache übertragen. Während die Wettbewerbsaufgaben für die deutschen und die deutschschweizerischen Teilnehmerinnen und Teilnehmer gemeinsam erarbeitet werden und folglich identisch sind, übertragen die österreichischen Organisatoren die Beispiele separat. Gemäß Satzung ist es gestattet, je Altersgruppe bis zu fünf der Aufgaben gegen andere zu tauschen, zum Beispiel aufgrund der unterschiedlichen Lehrplaninhalte. Daher finden sich in der Sammlung auch Beispiele, die nur in Deutschland und der Schweiz oder nur in Österreich verwendet wurden.

Beim Känguru-Wettbewerb werden in den Klassenstufen 3/4 und 5/6, die den Kategorien Ecolier und Benjamin entsprechen, jeweils 24 Aufgaben gestellt. In den Kategorien Kadett, Junior und Student, die den Klassenstufen 7/8, 9/10 und 11/13 entsprechen, sind es jeweils 30 Aufgaben. In Österreich kommt die Kategorie Felix für die Klassenstufen 1/2 mit 15 Aufgaben dazu.

Für das vorliegende Buch haben wir die schönsten Aufgaben der Jahre 2015 bis 2019 ausgewählt, sie thematisch sortiert und abschnittsweise nach steigender Schwierigkeit geordnet. Viele der Aufgaben sind nicht nur für diejenige Altersgruppe geeignet, für die sie im Wettbewerb gestellt wurden, da es oft weniger um in der Schule erlernte Fertigkeiten als vielmehr um logisches Schließen, Entdecken von Zusammenhängen und Strukturen oder den Gebrauch des sogenannten gesunden Menschenverstandes geht. So sind viele der Beispiele, die im Wettbewerb für die jüngeren Teilnehmerinnen und Teilnehmer zu lösen waren, auch noch für wesentlich ältere attraktiv. Und umgekehrt können Jüngere oft auch Aufgaben aus höheren Kategorien lösen: durch Probieren, geschickte Überlegungen und etwas mehr Geduld. Als Orientierung steht bei jeder Aufgabe, wie sie im Wettbewerb eingestuft war. So war beispielsweise die Aufgabe mit der Markierung „A-Benjamin (19), D/CH-5/6 (15) 2019" in Österreich in der Kategorie Benjamin die 19. Aufgabe und in Deutschland sowie der Schweiz in den Klassenstufen 5/6 die 15. Aufgabe im Jahr 2019. Im Lösungsteil sind die Lösungshinweise für Aufgaben, die es für die Jüngeren zu lösen galt, möglichst vollständig aufgeschrieben. Bei den ohnehin oft umfangreicheren Lösungen der Beispiele für die Älteren sind die Hinweise häufig kürzer gefasst.

Am Entstehen der vorliegenden Aufgabensammlung waren viele beteiligt. Das sind zuallererst die Erfinder der Aufgaben aus den 80 Teilnehmerländern. An der Erarbeitung und Korrektur der deutschsprachigen Aufgabenstellungen und der Lösungshinweise haben neben den Herausgebern vor allem mitgewirkt: Martin Altmann, Bertram Hell, Birgit und Ulf Hutschenreiter, Marion Jarmer, Antje Noack, Solveg Schlinske, Peat Schmolke, Dorothea Vigerske aus Deutschland, Lukas Andritsch, Renate Gottlieb, Johannes Grassegger, Gottfried Perz, Gerhard Plattner, Vera Schmidt, Birgit Söllradl, Andrea Windischbacher aus Österreich sowie Katharina Battaglia, Maria Cannizzo, Lukas Fischer, Beat Flückiger, Simon Knellwolf, Franz Meier, Dima Nikolenkov, Angelika Rupflin, Hansjürg Stocker, Josef Züger aus der Schweiz.

Frau Natalia Silakova vom Carl Hanser Verlag hat uns bei der Entstehung des fünften Bandes „Mathe mit dem Känguru" mit wertvollen Hinweisen begleitet. Für die angenehme Zusammenarbeit möchten wir uns herzlich bedanken.

Berlin, Graz, Zürich, im Herbst 2019   Die Herausgeber

Inhaltsverzeichnis

			A	L
1	Zahlen und Rechnen		9	110
	1.1	Rechenaufgaben bunt gemischt	9	110
		Rechengeschichten zum Aufwärmen	9	110
		Rechnen mit den Jahreszahlen	12	111
		Runden und Schätzen	14	113
	1.2	Knobeleien mit Ziffern	16	114
		Größte und Kleinste gesucht	16	114
		Ziffern gesucht: Kryptogramme	17	115
	1.3	Teilbarkeit	19	116
	1.4	Rechnen mit Brüchen	22	119
		Start in die Bruchrechnung	22	119
		Bruchrechnung im Text versteckt	24	120
		Bruchrechnung pur	25	121
	1.5	Rechnen mit negativen Zahlen	26	122
	1.6	Anteile vergleichen: Prozentrechnung	27	123
	1.7	Mittelwerte	29	124
2	Gleichungen, Ungleichungen und Funktionen		31	127
	2.1	Lineare Gleichungen	31	127
		Ganz ohne Variablen einfache lineare Gleichungen lösen	31	127
		Proportionen	35	130
		Gleichungen mit Prozenten	38	131
	2.2	Gleichungssysteme	39	133
	2.3	Einige nichtlineare Gleichungen	41	135
	2.4	Größer oder kleiner? – Ungleichungen	42	136
	2.5	Funktionen und ihre Graphen	44	138
3	Kombinatorik – mit Zahlen und Figuren		47	141
	3.1	Reihenfolgen, Vertauschungen und Zugfolgen	47	141
	3.2	Kombinatorisches mit Zahlen	49	143
		Anordnungen und Umordnungen	49	143
		Richtig kombiniert	52	145

		A	L
3.3	Kombinatorisches mit Figuren...........................	55	148
	Anordnungen in Ebene und Raum.......................	55	148
	Farbkombinationen gesucht..............................	56	149
	Bunte Puzzelei..	57	150
3.4	Wahrscheinlichkeit.......................................	60	152
4	**Geometrie**	**63**	**155**
4.1	Übungen für das Vorstellungsvermögen..................	63	155
	Mit Aufmerksamkeit zur Lösung.........................	63	155
	Drehungen, Spiegelungen, Symmetrie....................	67	157
	Faltübungen..	69	158
	In drei Dimensionen....................................	71	159
4.2	Einfache Figuren in der Ebene..........................	73	161
	Punkte und Strecken...................................	73	161
	Umfangsberechnungen.................................	75	162
	Winkelbestimmungen...................................	76	163
	Flächen vergleichen....................................	78	165
	Rechnen mit Flächeninhalten...........................	79	166
4.3	Mit dem Satz des Pythagoras...........................	82	169
4.4	Rund um den Kreis....................................	84	170
4.5	Räumliche Geometrie...................................	85	172
	Würfelbauwerke..	85	172
	Körpernetze..	88	174
	Volumenberechnung...................................	91	176
5	**Logisches, Kryptisches, Magisches**	**93**	**178**
5.1	Logisches mit und ohne Zahlen.........................	93	178
	Logikaufgaben aus Schule und Freizeit..................	93	178
	Logik und Sport..	97	181
	Logik und Zeit...	99	182
	Logisches an ungewöhnlichen Orten.....................	100	182
5.2	Logisches Lückenfüllen.................................	104	185
	Einfache Ausfüllrätsel..................................	104	185
	Kompliziertere magische Figuren........................	106	187

1 Zahlen und Rechnen

Ein gutes Verständnis von Zahlen und ihren Eigenschaften sowie das sichere Beherrschen der Grundrechenarten sind wichtig, um Mathematik verstehen und anwenden zu können. Rechenaufgaben begegnen uns überall im Alltag, und wer – auch ohne technische Hilfsmittel – schnell und sicher rechnen kann, dem wird es leichter gelingen, auch schwierigere Probleme anzupacken.
Im ersten Kapitel wollen wir mit vielgestaltigen Aufgaben die Lust am Lösen wecken und zugleich die Rechenfertigkeiten, das Gefühl für Größenordnungen und vieles mehr trainieren. Und weil Aufgaben mit den Jahreszahlen beim Känguru-Wettbewerb fast schon Tradition haben, sind einige recht unterschiedliche auch hier versammelt – und vielleicht eine Anregung für tägliche Übungen.

1.1 Rechenaufgaben bunt gemischt

Rechengeschichten zum Aufwärmen

A 1.1 Amy, Bert, Carl, Doris und Emil würfeln mit 2 Würfeln:

   Amy   Bert   Carl   Doris   Emil

Jedes Kind zählt seine Punkte zusammen. Wer hat die meisten Punkte?

(A) Amy   (B) Bert   (C) Carl   (D) Doris   (E) Emil

A-Ecolier (1), D/CH-3/4 (1) 2016

A 1.2 Max hängt Ostereier an die Zweige in seiner Vase. Die Hälfte der Ostereier hat er schon aufgehängt. Wie viele Ostereier hat Max insgesamt?

(A) 10   (B) 12   (C) 13   (D) 14   (E) 16

A-Ecolier (2), D/CH-3/4 (2) 2017

A 1.3 Levi ist 8 Jahre alt. Sein Bruder ist 2 Jahre jünger und seine Schwester ist 2 Jahre älter als Levi. Wie alt sind die drei Geschwister zusammen?

(A) 16   (B) 21   (C) 24   (D) 27   (E) 36

A-Ecolier (2), D/CH-3/4 (3) 2018

A 1.4 Im Bild sind drei Pfeile zu sehen. Sie fliegen auf zehn Luftballons zu. Trifft ein Pfeil einen Luftballon, so platzt dieser und der Pfeil fliegt in derselben Richtung weiter. Wie viele Luftballons bleiben ganz?

(A) 2   (B) 3   (C) 4   (D) 5   (E) 6

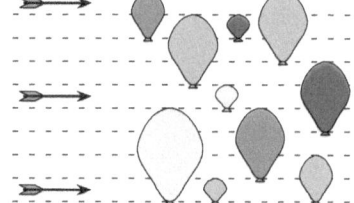

A-Ecolier (1), D/CH-3/4 (2) 2018

A 1.5 Jonathan geht mit seinem Großvater in den Zirkus. Sie haben die Plätze 71 und 72. Am Eingang steht ein Wegweiser. Wie müssen sie gehen?

(A) ⬆   (B) ➡   (C) ⬅   (D) ⬇   (E) ⬇

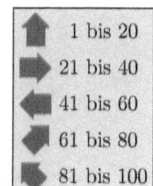

A-Ecolier (5), D/CH-3/4 (5) 2016

A 1.6 Während der Klassenfahrt haben wir in einer Jugendherberge gewohnt. In dem großen Haus gibt es zwei 2-Bett-Zimmer, vier 4-Bett-Zimmer und zwei 10-Bett-Zimmer. Wie viele Personen können dort übernachten?

(A) 40   (B) 42   (C) 44   (D) 46   (E) 48

D/CH-3/4 (7) 2018

A 1.7 Meine Großeltern haben zwei Sorten Hühner: 5 braune und 5 weiße. In den letzten 10 Tagen hat jedes braune Huhn täglich ein Ei gelegt, jedes weiße aber nur jeden zweiten Tag. Wie viele Eier haben die 10 Hühner in den 10 Tagen insgesamt gelegt?

(A) 75   (B) 72   (C) 70   (D) 65   (E) 60

A-Benjamin (4), D/CH-5/6 (6) 2015

A 1.8 Welche Zahl muss in den Kreis mit dem Fragezeichen geschrieben werden, damit die Rechnung korrekt ist?

(A) 0   (B) 10   (C) 12   (D) 13   (E) 15

A-Ecolier (16), D/CH-3/4 (18) 2017

1.1 Rechenaufgaben bunt gemischt

A 1.9 Das Maya-Volk hat Zahlen mit Punkten und Strichen geschrieben. Ein Punkt steht für die Ziffer 1, ein Strich für die Ziffer 5. Rechts steht die Maya-Zahl 8. Wie sieht die Maya-Zahl 12 aus?

(A)    (B)    (C)    (D)    (E)

A-Ecolier (2), D/CH-3/4 (3) 2019

A 1.10 Mit Pfeil und Bogen schießt Skadi auf die Zielscheibe. Bei ihrem ersten Versuch erreicht sie 12 Punkte, beim zweiten Versuch sogar 15 Punkte. Wie viele Punkte sind es beim dritten Versuch?

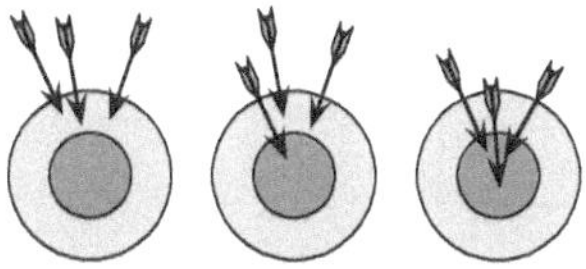

(A) 18   (B) 19   (C) 20   (D) 21   (E) 22

A-Benjamin (3), D/CH-5/6 (7) 2018

A 1.11 Auf dem Tisch liegt ein Spielwürfel mit 6 Seiten, die wie gewöhnlich mit 1 bis 6 Punkten beschriftet sind. Auf den fünf sichtbaren Seitenflächen sind insgesamt 17 Punkte. Wie viele Punkte sind auf der sechsten Seitenfläche, die auf dem Tisch liegt?

(A) 5   (B) 4   (C) 3   (D) 2   (E) 1

D/CH-7/8 (5) 2019

A 1.12 Kalle weiß, dass $111 \cdot 111 = 12321$ ist. Wie viel ist $111 \cdot 222$?

(A) 34543   (B) 23432   (C) 22222   (D) 24642   (E) 25852

A-Benjamin (4), D/CH-5/6 (3) 2017

A 1.13 Der Zug von Bonn nach Mainz fährt durch Bingen. Insgesamt fährt er ungefähr 1 Stunde und 25 Minuten. Von Bingen nach Mainz braucht er etwa 15 Minuten. Wie lange etwa braucht er von Bonn bis Bingen?

(A) 55 Minuten   (B) 60 Minuten   (C) 65 Minuten
(D) 70 Minuten   (E) 75 Minuten

A-Kadett (6), D/CH-7/8 (5) 2015

A 1.14 Sofie hat aus 27 Bausteinen einen Turm gebaut. Sie zerlegt den Turm so in zwei Teile, dass ein Teil doppelt so hoch wie das andere ist. Eines der zwei Teile zerlegt sie wieder so in zwei Teile, dass ein Teil doppelt so hoch wie das andere ist. Das wiederholt sie mit einem der beiden Teile noch einmal. Jetzt hat Sofie vier Teile. Welches Teil kann nicht dabei sein?

(A)    (B)   (C)   (D)    (E)

A-Ecolier (23), D/CH-3/4 (22) 2016

Rechnen mit den Jahreszahlen

A 1.15 Josef hat für jede der Ziffern 0, 1, 2, 3, 4, 5, 6, 7, 8 und 9 einen Stempel. Er stempelt das Datum des Känguru-Wettbewerbs: $15\ 03\ 2018$
Wie viele seiner Stempel hat Josef benutzt?

(A) 3   (B) 4   (C) 5   (D) 6   (E) 7

A-Ecolier (4), D/CH-3/4 (1) 2018

A 1.16 Vor Amelie liegen vier Karten mit den Ziffern der Jahreszahl: 2017
Sie vertauscht zwei der Karten. Welche Reihenfolge der vier Karten kann dabei entstehen?

(A) 0127 (B) 2710 (C) 0271 (D) 7201 (E) 7102

A-Benjamin (1), D/CH-5/6 (2) 2017

A 1.17 Was ist das Ergebnis der Rechenaufgabe mit den Ziffern der Jahreszahl?

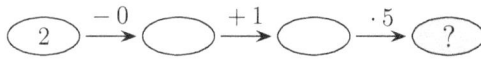

(A) 6   (B) 7   (C) 8   (D) 10   (E) 15

A-Ecolier (1), D/CH-3/4 (1) 2015

A 1.18 $2 \cdot 2 + 0 \cdot 0 + 1 \cdot 1 + 5 \cdot 5 =$

(A) 25   (B) 30   (C) 56   (D) 205   (E) 2015

D/CH-5/6 (1) 2015

A 1.19 Wie viele natürliche Zahlen liegen zwischen 3,17 und 20,16?

(A) 15   (B) 16   (C) 17   (D) 18   (E) 19

A-Kadett (1), D/CH-7/8 (1) 2016

A 1.20 $\dfrac{2017 + 2018 + 2019}{2018} =$

(A) 2   (B) 6026   (C) $\dfrac{6025}{2018}$ (D) 3   (E) 6054

D/CH-9/10 (1) 2018

A 1.21 $\dfrac{20 - 19 \cdot 20 + 19}{19 - 20 \cdot 19 + 20} =$

(A) -419 (B) -39 (C) 1   (D) 39   (E) 381

D/CH-9/10 (4) 2019

A 1.22 Wie groß ist die Summe von 25 % von 2018 und 2018 % von 25?

(A) 1009   (B) 2016   (C) 2018   (D) 3027   (E) 5045

A-Junior (9) 2018

A 1.23 Wie viele natürliche Zahlen sind gleichzeitig größer als $2015 \cdot 2017$ und kleiner als $2016 \cdot 2016$?

(A) 0   (B) 1   (C) 2015   (D) 2016   (E) 2017

A-Student (4), D/CH-11/13 (7) 2016

A 1.24 Dass unser Mathelehrer und sein Vater am selben Tag Geburtstag haben, wussten wir schon. Er hat ausgerechnet, dass in diesem Jahr das Produkt aus seinem Alter und dem seines Vaters gleich der Jahreszahl 2015 ist. Wie viele Jahre ist unser Mathelehrer jünger als sein Vater?

(A) 26 Jahre   (B) 29 Jahre   (C) 31 Jahre

(D) 34 Jahre   (E) 36 Jahre

A-Junior (16), D/CH-9/10 (19) 2015

A 1.25 Was ist, von links gelesen, die erste Ziffer der kleinsten positiven ganzen Zahl mit der Ziffernsumme 2019?

(A) 2 (B) 3 (C) 4 (D) 5 (E) 6

A-Student (7) 2019

A 1.26 $\sqrt{(2015 + 2015) + (2015 - 2015) + (2015 \cdot 2015) + (2015 : 2015)} =$

(A) $\sqrt{2015}$ (B) 2015 (C) 2016 (D) 2017 (E) 4030

A-Student (9), D/CH-11/13 (12) 2015

A 1.27 Wie oft erscheint der Summand 2018^2 unter der Wurzel, wenn folgende Aussage richtig ist?

$$\sqrt{2018^2 + 2018^2 + \ldots + 2018^2} = 2018^{10}$$

(A) 5 (B) 8 (C) 18 (D) 2018^8 (E) 2018^{18}

A-Junior (18), D/CH-9/10 (18) 2018

Runden und Schätzen

A 1.28 Welche der folgenden Zahlen liegt am nächsten am Ergebnis der Rechnung $510{,}2 \cdot 2{,}015$?

(A) 1 (B) 10 (C) 100 (D) 1000 (E) 10000

A-Kadett (3), D/CH-7/8 (1) 2015

A 1.29 Welche der folgenden Zahlen liegt am nächsten am Ergebnis der Rechnung $20{,}15 \cdot 51{,}02$?

(A) 100 (B) 1000 (C) 10000 (D) 100000 (E) 1000000

A-Junior (1), D/CH-9/10 (1) 2015

A 1.30 Welche der folgenden Zahlen liegt am nächsten am Ergebnis der Rechnung $0{,}2015 \cdot 0{,}5012$?

(A) 0,0001   (B) 0,001   (C) 0,01   (D) 0,1   (E) 1

D/CH-11/13 (1) 2015

A 1.31 Welche der folgenden Zahlen ist am nächsten zu $\dfrac{17 \cdot 0{,}3 \cdot 20{,}16}{999}$?

(A) 0,01   (B) 0,1   (C) 1   (D) 10   (E) 100

A-Junior (2), D/CH-9/10 (6) 2016

A 1.32 Im 99-Cent-Laden an der Ecke kostet jeder Artikel tatsächlich genau 99 Cent. Welches könnte der Preis für einen etwas größeren Einkauf dort sein?

(A) 16,92 €   (B) 36,90 €   (C) 22,44 €
(D) 15,51 €   (E) 28,71 €

D/CH-9/10 (5) 2018

A 1.33 Welche der folgenden Zahlen liegt am nächsten am Ergebnis der Rechnung $0{,}435 : 0{,}0821$?

(A) 0,2   (B) 0,5   (C) 5   (D) 20   (E) 50

D/CH-11/13 (5) 2018

A 1.34 Welcher der folgenden Brüche liegt am nächsten bei $\dfrac{1}{2}$?

(A) $\dfrac{29}{57}$ (B) $\dfrac{25}{79}$ (C) $\dfrac{57}{92}$ (D) $\dfrac{27}{59}$ (E) $\dfrac{52}{97}$

A-Kadett (13), D/CH-7/8 (17) 2016

1.2 Knobeleien mit Ziffern

Größte und Kleinste gesucht

A 1.35 Maya vertauscht in der Zahl 512 zwei Ziffern, sodass sie eine möglichst kleine Zahl erhält. Frieder vertauscht in derselben Zahl 512 zwei Ziffern, sodass er eine möglichst große Zahl erhält. Wie groß ist die Differenz aus Frieders und Mayas Zahl?

(A) 369 (B) 387 (C) 360 (D) 306 (E) 396

D/CH-3/4 (11) 2015

A 1.36 Tag für Tag addiert Axel die vier Zahlen, die im Tagesdatum vorkommen. Zum Beispiel addiert er am 19. März, also dem 19.03., $1 + 9 + 0 + 3 = 13$, und trägt die 13 in seine am Jahresanfang begonnene Tabelle ein. Welches ist die größte Zahl, die am Jahresende in seiner Tabelle stehen wird?

(A) 13 (B) 15 (C) 18 (D) 20 (E) 22

A-Benjamin (12), D/CH-5/6 (11) 2015

A 1.37 Karim schreibt alle Zahlen von 1 bis 20 hintereinander und erhält die 31-stellige Zahl:

$$1\,2\,3\,4\,5\,6\,7\,8\,9\,10\,11\,12\,13\,14\,15\,16\,17\,18\,19\,20$$

Er streicht 24 Ziffern, sodass die größtmögliche Zahl übrig bleibt. Welche ist das?

(A) 9781920 (B) 9671819 (C) 9567892
(D) 9912345 (E) 9818192

A-Benjamin (12), D/CH-5/6 (10) 2017

A 1.38 Auf einem Papierstreifen steht die Zahl 2581953764. Marwin schneidet den Streifen so in 3 Teile, dass er dabei die Zahl 2581953764 in 3 Zahlen zerlegt, deren Summe so klein wie möglich ist. Wie groß ist diese Summe?

(A) 2975 (B) 3775 (C) 4298 (D) 4217 (E) 2878

A-Benjamin (14), D/CH-5/6 (15) 2016

1.2 Knobeleien mit Ziffern

A 1.39 Eine fünfstellige Zahl hat die Quersumme 42 und vier gleiche Ziffern. Welches ist die fünfte Ziffer?

(A) 1 (B) 8 (C) 3 (D) 4 (E) 6

D/CH-7/8 (10) 2017

A 1.40 Kim hat aus drei verschiedenen Ziffern alle dreistelligen Zahlen gebildet, die jede dieser drei Ziffern genau einmal enthalten. Die Summe der beiden größten dieser dreistelligen Zahlen ist 1444. Wie groß ist die Summe der drei Ziffern?

(A) 10 (B) 11 (C) 12 (D) 13 (E) 14

D/CH-9/10 (12) 2015

A 1.41 Wir wählen drei voneinander verschiedene Ziffern A, B, C und bilden alle 6-stelligen Zahlen, die dreimal die Ziffer A, zweimal die Ziffer B und einmal die Ziffer C enthalten. Welche der folgenden Zahlen ist sicher nicht die größte unter all diesen Zahlen?

(A) $AAABBC$ (B) $CAAABB$ (C) $BBAAAC$ (D) $AAABCB$ (E) $AAACBB$

A-Benjamin (21), D/CH-5/6 (23) 2018

Ziffern gesucht: Kryptogramme

A 1.42 Ilyas hat auf drei Papierstreifen je eine dreistellige Zahl geschrieben. Die Summe dieser drei Zahlen ist 826. Welches ist die Summe der beiden verdeckten Ziffern?

(A) 5 (B) 6 (C) 7 (D) 8 (E) 9

A-Benjamin (9), D/CH-5/6 (10) 2019

A 1.43 Als die Kinder nach der großen Pause ins Klassenzimmer kommen, sind bei der Rechnung an der Tafel zwei Ziffern abgewischt. Was ist die Summe dieser beiden fehlenden Ziffern?

(A) 8 (B) 9 (C) 11 (D) 13 (E) 15

A-Benjamin (9), D/CH-5/6 (10) 2018

A 1.44 Auf die drei leeren Karten sollen drei Ziffern geschrieben werden, damit die Gleichung stimmt. Was ist dann die Summe dieser drei Ziffern?

☐3 · ☐2 = ☐3 ☐2

(A) 5   (B) 14   (C) 9   (D) 12   (E) 6

A-Kadett (11), D/CH-7/8 (16) 2018

A 1.45 Rosalie hat bei der abgebildeten Additionsaufgabe die vier verschiedenen Ziffern A, B, C und D benutzt. Für welche Ziffer steht B?

$$\begin{array}{r} A\ B\ C \\ +\ C\ B\ A \\ \hline D\ D\ D\ D \end{array}$$

(A) 0   (B) 2   (C) 4   (D) 5   (E) 6

A-Benjamin (18), D/CH-5/6 (18) 2018

A 1.46 In der Aufgabe rechts sollen X, Y und Z durch drei verschiedene Ziffern ersetzt werden, sodass die Rechnung richtig ist. Welche Ziffer muss für X gewählt werden?

$$\begin{array}{r} X \\ +\ X \\ +\ Y\ Y \\ \hline Z\ Z\ Z \end{array}$$

(A) 6   (B) 2   (C) 8   (D) 7   (E) 3

D/CH-5/6 (17) 2015

A 1.47 In der Additionsaufgabe rechts stehen die Buchstaben A, B, C und D für Ziffern. Was ist $A + B + C + D$?

$$\begin{array}{r} A\ 4\ 5 \\ +\ B\ C\ D \\ \hline 6\ 5\ 4 \end{array}$$

(A) 14   (B) 15   (C) 16   (D) 17   (E) 24

A-Junior (8), D/CH-9/10 (7) 2018

A 1.48 In einem alten englischen Mathebuch hat unsere Lehrerin eine Aufgabe entdeckt und sie für uns übersetzt: „In $ODD + ODD = EVEN$ sind die Buchstaben O, D, E, V, N durch fünf verschiedene Ziffern zu ersetzen, sodass eine korrekte Gleichung entsteht." Wie viele Möglichkeiten gibt es dafür?

(A) 1   (B) 2   (C) 3   (D) 4   (E) 5

D/CH-7/8 (23) 2015

1.3 Teilbarkeit

A 1.49 Zur Fütterung im Tierpark stehen die 7 Pinguine im Kreis um Tierpfleger Ede. Ede verteilt im Uhrzeigersinn 25 Fische, jeweils einen, bis alle Fische verteilt sind. Wie viele Pinguine haben mehr als 3 Fische bekommen?

(A) keiner   (B) einer   (C) zwei   (D) vier   (E) sechs

D/CH-3/4 (5) 2015

A 1.50 Der Code für Lenas Fahrradschloss besteht aus vier geraden Ziffern. Welcher Code könnte das sein?

(A) 6348   (B) 4545   (C) 7440   (D) 6891   (E) 8466

A-Kadett (1), D/CH-7/8 (1) 2019

A 1.51 Jannik hat auf die 6 Seiten eines Würfels die 6 kleinsten *ungeraden* natürlichen Zahlen geschrieben. Er würfelt dreimal und addiert die gewürfelten drei Zahlen. Welches Ergebnis ist *nicht* möglich?

(A) 21   (B) 3   (C) 20   (D) 19   (E) 27

A-Benjamin (10), D/CH-5/6 (6) 2019

A 1.52 Tabea multipliziert zwei einstellige Zahlen. Das Ergebnis ist 15. Wie groß ist die Summe der beiden einstelligen Zahlen?

(A) 2   (B) 4   (C) 5   (D) 7   (E) 8

A-Ecolier (4), D/CH-3/4 (8) 2015

A 1.53 Hinter den sieben Bergen wohnen die sieben Zwerge. Mehr als die Hälfte der sieben Zwerge hat einen Bart und zwar entweder einen Vollbart oder einen Schnurrbart. Es sind doppelt so viele Vollbärte wie Schnurrbärte. Wie viele der sieben Zwerge haben keinen Bart?

(A) keiner   (B) einer   (C) zwei   (D) drei   (E) vier

A-Ecolier (14), D/CH-3/4 (16) 2018

A 1.54 Bei welcher Aufgabe bleibt beim Teilen ein Rest?

(A) 2011 : 1   (B) 2012 : 2   (C) 2013 : 3   (D) 2014 : 4   (E) 2015 : 5

A-Kadett (5), D/CH-5/6 (8) 2015

A 1.55 Raphael multipliziert die Zahl 100 entweder mit 2 oder mit 3. Zu dem Produkt, das er dabei erhält, addiert er entweder 1 oder 2. Die entstandene Summe teilt er entweder durch 3 oder durch 4. Raphael verrät uns, dass das Ergebnis eine ganze Zahl ist. Welche?

(A) 50   (B) 51   (C) 67   (D) 77   (E) 101

D/CH-5/6 (19) 2015

A 1.56 Eine quaderförmige Kiste mit den Kantenlängen 42 cm, 60 cm und 90 cm ist mit gleich großen Würfeln exakt vollgepackt. Welche Seitenlänge kann solch ein Würfel höchstens haben?

(A) 3 cm   (B) 4 cm   (C) 6 cm   (D) 7 cm   (E) 12 cm

A-Junior (7), D/CH-9/10 (11) 2018

A 1.57 Adriano schreibt in den ersten der sechs Kreise eine natürliche Zahl und füllt die Kreise der Reihe nach aus, so wie es vorgegeben ist. Wie viele der sechs Zahlen sind durch 3 teilbar?

(A) nur eine   (B) eine oder zwei   (C) genau zwei
(D) zwei oder drei   (E) drei oder vier

A-Benjamin (20), D/CH-5/6 (21) 2019

A 1.58 Alma, Bela, Coco, David und Elisa haben am Wochenende für Ostern Eier bemalt. Am Samstag waren sie besonders fleißig: Alma hat 24 Eier bemalt, Bela 25, Coco 26, David 27 und Elisa 28. Eines der Kinder hat am Samstag doppelt so viele Eier bemalt wie am Sonntag, eines dreimal, eines viermal, eines fünfmal und eines sechsmal so viele. Wer war am Sonntag am fleißigsten und hat die meisten Eier bemalt?

(A) Alma   (B) Bela   (C) Coco   (D) David   (E) Elisa

A-Ecolier (24), D/CH-3/4 (24) 2015

A 1.59 An der Tafel in unserem Klassenraum standen die Zahlen 24, 28, 32, 35, 40, 52, 54 und 60. Nora, Alla und Maxi wurden nacheinander an die Tafel gerufen. Eine von ihnen sollte alle durch 3 teilbaren Zahlen, eine alle durch 4 teilbaren und eine alle durch 5 teilbaren abwischen. Maxi hat 28, 32 und 52 abgewischt, Alla 24, 54 und 60 und Nora 35 und 40. In welcher Reihenfolge haben die Mädchen das getan?

(A) Nora, Maxi, Alla (B) Maxi, Alla, Nora (C) Alla, Nora, Maxi
(D) Alla, Maxi, Nora (E) Maxi, Nora, Alla

A-Benjamin (23), D/CH-5/6 (22) 2017

A 1.60 Nina und Leonie starten beim Berlin-Marathon beide mit einer dreistelligen Startnummer, ihre Schwester Jasmin mit einer vierstelligen. Benni, ihr kleiner Bruder, entdeckt, dass in den drei Startnummern die Ziffern von 0 bis 9 alle genau einmal vorkommen. Er multipliziert die Ziffern der Startnummern und erhält für Nina 0, für Leonie 90 und für Jasmin 72. Wie groß ist die Summe der Ziffern von Ninas Startnummer?

(A) 9 (B) 10 (C) 12 (D) 14 (E) 15

D/CH-5/6 (23) 2015

A 1.61 In jedes Feld der Pyramide soll eine natürliche Zahl größer als 1 so eingetragen werden, dass in den drei oberen Feldern jeweils das Produkt der beiden schräg darunterstehenden Zahlen steht. Welche der folgenden Zahlen kann *sicher nicht* im obersten Feld stehen?

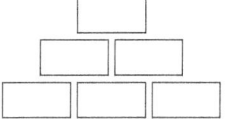

(A) 56 (B) 84 (C) 90 (D) 105 (E) 220

A-Student (12), D/CH-11/13 (14) 2016

A 1.62 Archimedes hat $15! = 1 \cdot 2 \cdot 3 \cdot \ldots \cdot 15$ ausgerechnet und das Ergebnis aufgeschrieben. Leider lassen sich die zweite und zehnte Ziffer nicht mehr lesen: 1■0767436■000. Welche beiden Ziffern sind das?

(A) 2 und 0 (B) 4 und 8 (C) 7 und 4
(D) 9 und 2 (E) 3 und 8

A-Student (30), D/CH-11/13 (30) 2018

1.4 Rechnen mit Brüchen

Start in die Bruchrechnung

A 1.63 Noah teilt einen Kuchen in vier gleiche Teile und anschließend jedes Viertel in drei Teile. Wie viele Stück Kuchen hat Noah nun insgesamt?

(A) 6 (B) 8 (C) 9 (D) 10 (E) 12

A-Benjamin (2), D/CH-5/6 (3) 2016

A 1.64 Arno hat Äpfel mitgebracht. Er teilt sie sich mit seinen fünf Freunden. Jeder bekommt einen halben Apfel. Wie viele Äpfel hat Arno mitgebracht?

(A) 2 (B) 3 (C) 4 (D) 5 (E) 6

A-Ecolier (6), D/CH-3/4 (7) 2016

A 1.65 Wie viele weiße Kästchen müssen schwarz gefärbt werden, damit es genau doppelt so viele weiße wie schwarze Kästchen gibt?

(A) 1 (B) 3 (C) 8 (D) 12 (E) 16

A-Ecolier (5) 2017

A 1.66 Tita malt in dem abgebildeten Rechteck ein Drittel aller Kästchen gelb, die Hälfte aller Kästchen blau und die restlichen Kästchen rot. Wie viele Kästchen malt Tita rot?

(A) 3 (B) 4 (C) 5 (D) 7 (E) 9

A-Benjamin (7), D/CH-5/6 (4) 2017

A 1.67 In welchem der fünf regelmäßigen Neunecke ist genau ein Drittel der gesamten Fläche grau?

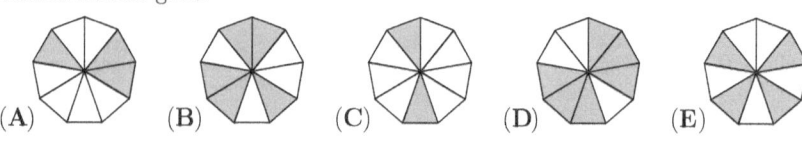

D/CH-7/8 (4) 2015

A 1.68 Um sich in Spanisch zu verbessern, hat Carl an zehn Tagen Vokabeln gelernt, jeden Tag eine Viertelstunde. Wie viele Stunden hat Carl in diesen zehn Tagen insgesamt Vokabeln gelernt?

(A) zwei (B) zweieinhalb (C) drei
(D) dreieinhalb (E) vier

A-Kadett (2), D/CH-7/8 (2) 2019

A 1.69 Ein neugeborener Panda ist winzig und wiegt nur etwa 100 g. Das ist ungefähr $\frac{1}{900}$ des Gewichts seiner Mutter. Wie viel wiegt seine Mutter ungefähr?

(A) 11 kg (B) 90 kg (C) 111 kg (D) 900 kg (E) 1111 kg

D/CH-11/13 (2) 2019

A 1.70 Unsere Nachbarn haben im Garten schon Ostereier aufgehängt: rote, gelbe, blaue und violette, insgesamt 36 Stück. Ein Sechstel der Ostereier ist rot. Drei Viertel der Ostereier sind nicht gelb. Und zwei Drittel der Ostereier sind nicht blau. Wie viele Ostereier sind violett?

(A) 6 (B) 9 (C) 12 (D) 16 (E) 18

A-Kadett (17), D/CH-7/8 (17) 2019

A 1.71 Im Theater waren bei der Aufführung von „Peter Pan" ein Sechstel der Zuschauer Erwachsene. Von den Kindern waren drei Fünftel Jungen. Welcher Teil der Zuschauer waren Mädchen?

(A) die Hälfte (B) ein Drittel (C) ein Viertel
(D) ein Fünftel (E) ein Sechstel

A-Kadett (12), D/CH-7/8 (13) 2017

A 1.72 Als Else gestern ihr Strickzeug beiseite legte, hatte sie schon zwei Drittel der geplanten Länge ihres Schals fertig. Sie war jedoch überzeugt, das wäre erst die Hälfte, und strickte tapfer noch einmal genauso viel. Nun ist der Schal 40 cm länger als geplant. Wie lang sollte er ursprünglich werden?

(A) 120 cm (B) 140 cm (C) 160 cm (D) 180 cm (E) 200 cm

D/CH-9/10 (11) 2015

Bruchrechnung im Text versteckt

A 1.73 Ameise Amanda ist vom linken Ende eines Stabes etwa $\frac{2}{3}$ der Stablänge nach rechts gekrabbelt. Käfer Klaus ist vom rechten Ende dieses Stabes etwa $\frac{3}{4}$ der Stablänge nach links gekrabbelt. Welcher Teil der Stablänge liegt nun zwischen den beiden?

(A) etwa $\frac{3}{8}$ (B) etwa $\frac{1}{12}$ (C) etwa $\frac{5}{7}$ (D) etwa $\frac{1}{2}$ (E) etwa $\frac{5}{12}$

A-Kadett (11), D/CH-7/8 (11) 2017

A 1.74 Für den Ausflug zum Museum hat unser Lehrer 400 Euro zur Verfügung. Die Hälfte der 400 Euro kostet die Bahnfahrt. Für ein Viertel der anderen Hälfte kauft er Getränke. Mit dem Rest bezahlt er die Eintrittskarten. Wie viel kosten die Eintrittskarten insgesamt?

(A) 160 Euro (B) 150 Euro (C) 140 Euro (D) 130 Euro (E) 120 Euro

D/CH-5/6 (5) 2018

A 1.75 Auf unserer dreitägigen Radtour in den Niederlanden sind wir von Sluis an der Grenze zu Belgien bis Den Haag auf dem Europaradweg R1 geradelt. Die erste Nacht haben wir nach einem Drittel der Gesamtstrecke in Veere verbracht. Am zweiten Tag sind wir 75 km bis Brielle gefahren und am dritten Tag dann das letzte Viertel der Gesamtstrecke. Wie viele Kilometer waren wir insgesamt unterwegs?

(A) 150 (B) 160 (C) 165 (D) 175 (E) 180

D/CH-7/8 (17) 2015

A 1.76 Zu einem Triathlon-Mehrkampf gehören die Disziplinen Schwimmen, Radfahren und Laufen. Bei unserem Pfingsttriathlon waren drei Viertel der Gesamtstrecke mit dem Rad zu bewältigen. Die Laufstrecke betrug ein Fünftel der Gesamtstrecke. Und die besonders lange Schwimmstrecke war 2 km lang. Wie lang war die Gesamtstrecke bei diesem Triathlon?

(A) 10 km (B) 20 km (C) 38 km (D) 40 km (E) 60 km

A-Junior (17), D/CH-9/10 (14) 2019

1.4 Rechnen mit Brüchen

A 1.77 Die Zahlen a, b, c und d sind voneinander verschiedene Zahlen aus der Menge $\{1,2,3,4,5,6,7,8,9,10\}$.
Welches ist der kleinste Wert, den $\dfrac{a}{b}+\dfrac{c}{d}$ haben kann?

(A) $\dfrac{14}{45}$ (B) $\dfrac{1}{5}$ (C) $\dfrac{29}{90}$ (D) $\dfrac{3}{19}$ (E) $\dfrac{25}{72}$

A-Junior (14), D/CH-9/10 (12) 2019

Bruchrechnung pur

A 1.78 Welche der folgenden Gleichungen ist richtig?

(A) $\dfrac{4}{1}=1{,}4$ (B) $\dfrac{5}{2}=2{,}5$ (C) $\dfrac{6}{3}=3{,}6$ (D) $\dfrac{7}{4}=4{,}7$ (E) $\dfrac{8}{5}=5{,}8$

A-Kadett (4), D/CH-7/8 (2) 2017

A 1.79 $\dfrac{1}{10}+\dfrac{2}{100}+\dfrac{3}{1000}=$

(A) $\dfrac{123}{1000}$ (B) $\dfrac{632}{1110}$ (C) $\dfrac{321}{1000}$ (D) $\dfrac{123}{1110}$ (E) $\dfrac{321}{1110}$

D/CH-7/8 (4) 2016

A 1.80 Vier der folgenden fünf Rechnungen haben dasselbe Ergebnis. Welche Rechnung hat ein anderes Ergebnis?

(A) $\dfrac{2}{3}\cdot\dfrac{5}{7}$ (B) $\dfrac{2}{7}\cdot\dfrac{5}{3}$ (C) $\dfrac{1}{3}\cdot\dfrac{10}{7}$ (D) $\dfrac{5}{2}\cdot\dfrac{3}{7}$ (E) $\dfrac{5}{21}\cdot\dfrac{2}{1}$

D/CH-7/8 (7) 2018

A 1.81 Welcher der folgenden Brüche ist kleiner als 3?

(A) $\dfrac{31}{8}$ (B) $\dfrac{32}{9}$ (C) $\dfrac{33}{10}$ (D) $\dfrac{34}{11}$ (E) $\dfrac{35}{12}$

A-Benjamin (6), D/CH-7/8 (9) 2015

A 1.82 Welche der folgenden Rechnungen liefert das größte Ergebnis?

(A) $\dfrac{20\cdot 18}{15\cdot 3}$ (B) $\dfrac{18\cdot 15}{20\cdot 3}$ (C) $\dfrac{18\cdot 3}{20\cdot 15}$ (D) $\dfrac{20\cdot 15}{18\cdot 3}$ (E) $\dfrac{20\cdot 3}{18\cdot 15}$

D/CH-11/13 (2) 2018

1.5 Rechnen mit negativen Zahlen

A 1.83 $1 - \bigl(2 - \bigl(3 - (4 - 5)\bigr)\bigr) =$
(A) 1   (B) −2   (C) 3   (D) −4   (E) 5

D/CH-7/8 (3) 2019

A 1.84 Michelle hat die Zahlen −5, −3, −1, 2, 4, 6 auf die Seiten eines Würfels geschrieben. Sie würfelt mit diesem Würfel zweimal hintereinander und addiert die beiden gewürfelten Zahlen. Welche Summe kann sie *nicht* erhalten?

(A) 3   (B) 4   (C) 5   (D) 7   (E) 8

A-Junior (8), D/CH-9/10 (2) 2016

A 1.85 Welche Zahl muss von −17 subtrahiert werden, um −71 zu erhalten?

(A) −88   (B) −54   (C) 27   (D) 54   (E) 88

A-Kadett (3), D/CH-7/8 (4) 2017

A 1.86 „Hier ist es 26 °C wärmer als bei euch daheim in Köln", sagt Lolas Tante, die aus Australien anruft. Lola will berechnen, wie warm es dort ist. Doch statt 26 °C zur Temperatur in Köln zu addieren, subtrahiert sie 26 °C und erhält −14 °C. Welches ist die richtige Temperatur bei Lolas Tante?

(A) 28 °C   (B) 32 °C   (C) 36 °C   (D) 38 °C   (E) 42 °C

A-Kadett (4), D/CH-7/8 (3) 2016

A 1.87 In jeden der acht Kreise soll eine Zahl so eingetragen werden, dass jede der Zahlen die Summe der beiden zu ihr benachbarten Zahlen ist. Zwei Zahlen sind bereits eingetragen. Was trifft dann zu?

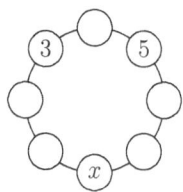

(A) $x = -5$ (B) $x = -16$
(C) $x = -8$ (D) $x = -3$
(E) Eine solche Belegung gibt es nicht.

A-Student (13), D/CH-11/13 (14) 2015

A 1.88 In jedes Feld des abgebildeten Rings soll eine Zahl geschrieben werden, sodass jede der eingetragenen Zahlen gleich der Summe ihrer beiden Nachbarn ist. Zwei Zahlen sind bereits eingetragen. Für welche Zahl steht das Fragezeichen?

(A) −9   (B) −7   (C) −1   (D) 7   (E) 8

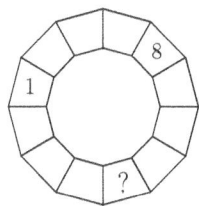

A-Kadett (23), D/CH-7/8 (25) 2018

1.6 Anteile vergleichen: Prozentrechnung

A 1.89 Tamaras neuer USB-Stick hat einen Speicherplatz von 16 Gigabyte, ihr alter hat nur 4 Gigabyte. Der neue USB-Stick ist zu 75 % mit Daten belegt, der alte zu 50 %. Wie viel Gigabyte hat Tamara auf beiden USB-Sticks insgesamt gespeichert?

(A) 12   (B) 13   (C) 14   (D) 15   (E) 16

D/CH-9/10 (4) 2015

A 1.90 In der Schülerzeitung steht, dass 60 % unserer Lehrerinnen mit dem Fahrrad zur Schule radeln. Das sind 45 Lehrerinnen. 12 % der Lehrerinnen kommen mit dem Auto. Wie viele Lehrerinnen fahren mit dem Auto?

(A) 4   (B) 6   (C) 9   (D) 10   (E) 12

A-Kadett (6), D/CH-7/8 (11) 2016

A 1.91 In dieser Saison hat Luana schon 15 Schachpartien gespielt, von denen sie neun Partien gewonnen hat. Welche Erfolgsquote hätte Luana, wenn sie nun die restlichen fünf Partien noch gewinnen würde?

(A) 60 %   (B) 65 %   (C) 70 %   (D) 75 %   (E) 80 %

A-Junior (8), D/CH-9/10 (8) 2017

A 1.92 Von den beiden positiven Zahlen a und b ist bekannt, dass $75\,\%$ von a genauso groß ist wie $40\,\%$ von b. Welche der folgenden fünf Gleichungen gilt dann?

(A) $15a = 8b$ (B) $7a = 8b$ (C) $3a = 2b$
(D) $5a = 12b$ (E) $8a = 15b$

A-Student (4), D/CH-11/13 (6) 2017

A 1.93 Was ist die Summe von $25\,\%$ von 250 und $250\,\%$ von 25?

(A) 125 (B) 150 (C) 200 (D) 225 (E) 275

D/CH-9/10 (8) 2018

A 1.94 Es ist $16\,\%$ von 25 dasselbe wie

(A) $25\,\%$ von 16. (B) $18\,\%$ von 20. (C) $15\,\%$ von 26.
(D) $10\,\%$ von 30. (E) $36\,\%$ von 12.

D/CH-9/10 (8) 2016

A 1.95 Wie viele der abgebildeten hellen Kugeln müssen weggenommen werden, damit von den übrig bleibenden Kugeln $90\,\%$ helle Kugeln sind?

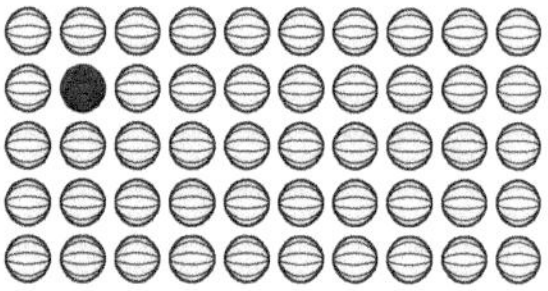

(A) 4 (B) 10 (C) 29 (D) 39 (E) 40

A-Kadett (12), D/CH-7/8 (16) 2016

A 1.96 Finnley übt auf dem Basketballfeld Korbwürfe. Unter seinen ersten 20 Würfen waren $55\,\%$ Treffer. Nach fünf weiteren Würfen steigt die Trefferquote auf $56\,\%$. Wie viele der letzten fünf Würfe waren Treffer?

(A) 1 (B) 2 (C) 3 (D) 4 (E) 5

A-Kadett (15), D/CH-7/8 (14) 2019

1.7 Mittelwerte

A 1.97 Das Durchschnittsalter der 4 Kinder unserer Nachbarsfamilie ist 12 und das ihrer Eltern ist 36. Wie lässt sich aus diesen Angaben das Durchschnittsalter der 6-köpfigen Familie berechnen?

(A) $\dfrac{12+36}{2}$ (B) $\dfrac{12}{4}+\dfrac{36}{2}$ (C) $\dfrac{12+36}{4+2}$

(D) $\dfrac{12\cdot 4}{4}+\dfrac{36\cdot 2}{2}$ (E) $\dfrac{4\cdot 12+2\cdot 36}{4+2}$

D/CH-9/10 (15) 2018

A 1.98 „Im letzten Jahr sind wir viermal verreist", erzählt mein Großvater, „durchschnittlich 9 Tage, habe ich ausgerechnet." Meine Großmutter erinnert sich: „12 Tage in Tirol, 5 Tage bei meiner Schwester, 9 Tage im Elsass und ein paar Tage auf Rügen." Wie lange waren meine Großeltern auf Rügen?

(A) 8 Tage (B) 9 Tage (C) 10 Tage
(D) 11 Tage (E) 12 Tage

A-Junior (1), D/CH-9/10 (5) 2016

A 1.99 In Carinas Café gingen im letzten Jahr durchschnittlich 1,5 Tassen pro Monat kaputt. Es gibt keinen Monat, in dem mehr als 2 Tassen kaputtgingen. Die einzigen beiden Monate, in denen keine Tasse kaputtging, waren Mai und August. In wie vielen Monaten gingen genau 2 Tassen kaputt?

(A) 4   (B) 5   (C) 6   (D) 7   (E) 8

A-Kadett (23), D/CH-7/8 (22) 2016

A 1.100 Bei einer Aufnahmeprüfung erreichten die Teilnehmer im Durchschnitt 18 Punkte. 60 % der Teilnehmer haben bestanden, die anderen sind durchgefallen. Diejenigen, die bestanden haben, erreichten im Durchschnitt 24 Punkte. Welche Durchschnittspunktzahl hatten diejenigen, die durchgefallen sind?

(A) 6   (B) 9   (C) 10   (D) 12   (E) 15

A-Kadett (21), D/CH-7/8 (24) 2015

A 1.101 Beim Weitsprungtraining ist Viola heute bis zur Pause durchschnittlich 3,80 m weit gesprungen. Im ersten Sprung nach der Pause gelangen ihr 3,99 m, wodurch sich ihre Durchschnittsweite auf 3,81 m erhöhte. Wie weit müsste Viola im nächsten Sprung springen, um ihre Durchschnittsweite auf 3,82 m zu erhöhen?

(A) 3,99 m (B) 4,00 m (C) 4,01 m (D) 4,03 m (E) 4,04 m

A-Kadett (28), D/CH-7/8 (29) 2018

A 1.102 Als geometrisches Mittel von n positiven Zahlen wird die n-te Wurzel aus dem Produkt dieser Zahlen bezeichnet. Wenn das geometrische Mittel von drei Zahlen 3 und von drei anderen Zahlen 12 ist, was ist dann das geometrische Mittel aller sechs Zahlen?

(A) 4 (B) 6 (C) $\dfrac{15}{2}$ (D) $\dfrac{15}{6}$ (E) 36

A-Student (15), D/CH-11/13 (19) 2015

A 1.103 Die drei Eckpunkte eines Dreiecks sind durch die Koordinaten $(a\,|\,b)$, $(c\,|\,d)$ und $(e\,|\,f)$ gegeben. Die Mittelpunkte der Dreiecksseiten haben die Koordinaten $(-2\,|\,1)$, $(2\,|\,-1)$ und $(3\,|\,2)$. Welchen Wert hat $a+b+c+d+e+f$?

(A) 2 (B) 2,5 (C) 3 (D) 5 (E) 10

A-Student (15), D/CH-11/13 (20) 2018

A 1.104 Von den aufeinanderfolgenden natürlichen Zahlen $1, 2, 3, \ldots, n$ wird eine Zahl gestrichen. Der Durchschnitt der restlichen $n-1$ Zahlen beträgt 4,75. Welche Zahl wurde gestrichen?

(A) die 4 (B) die 5 (C) die 6 (D) die 7 (E) die 8

A-Junior (27), D/CH-9/10 (27) 2015

2 Gleichungen, Ungleichungen und Funktionen

In vielen Situationen finden sich Dinge, die zueinander in einem Zusammenhang stehen, der sich mathematisch durch eine Gleichung, eine Ungleichung oder eine Funktion modellieren lässt. Lösen der Gleichung oder Ungleichung oder genaueres Untersuchen der Funktion liefert dann Antworten auf die interessierenden Fragen.

In diesem Kapitel sind einige Beispiele zusammengestellt, die zeigen, dass es oftmals auch ohne Variablen und formale Umformungen geht, und zwar elegant und schnell durch geschicktes Überlegen, Gruppieren oder Zuordnen.

Die Aufgaben zu Beginn sind damit auch besonders für jüngere Kinder gedacht.

2.1 Lineare Gleichungen

Ganz ohne Variablen einfache lineare Gleichungen lösen

A 2.1 Wie viel wiegt das kleinere der beiden Hühner?

(A) 1 kg   (B) 2 kg   (C) 3 kg
(D) 4 kg   (E) 5 kg

A-Benjamin (7), D/CH-5/6 (9) 2015

A 2.2 Luftballons gibt es in Päckchen zu 5 Stück, zu 10 Stück und zu 25 Stück zu kaufen. Der Hausmeister unserer Schule kauft für das Frühlingsfest genau 70 Luftballons. Wie viele Päckchen kauft er *mindestens*?

(A) 3   (B) 4   (C) 5   (D) 6   (E) 7

A-Ecolier (11), D/CH-3/4 (7) 2017

A 2.3 Rieke hat in der Tabelle die Summen der Zahlen aus den grauen Feldern in die weißen Felder eingetragen. Sie verdeckt zwei der Zahlen. Welche Zahl steht direkt unter der 17?

+	11	7	2
6	17	13	8
		16	11

(A) 16   (B) 19   (C) 20   (D) 22   (E) 23

A-Ecolier (9), D/CH-3/4 (8) 2017

A 2.4 Zada kauft auf dem Markt acht Orangen und eine Melone. Silas kauft drei Melonen. Beide bezahlen gleich viel. Wie viele Orangen kosten genauso viel wie eine Melone?

(A) 2 (B) 3 (C) 4 (D) 5 (E) 6

D/CH-3/4 (13) 2017

A 2.5 Auf den beiden Bildern ist derselbe Zug und dieselbe Brücke zu sehen. Wie lang ist der Zug?

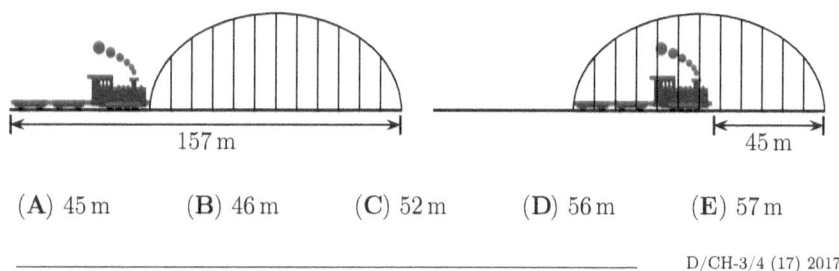

(A) 45 m (B) 46 m (C) 52 m (D) 56 m (E) 57 m

D/CH-3/4 (17) 2017

A 2.6 Vier Äpfel und eine Birne wiegen genauso viel wie drei Birnen. Was stimmt dann?

(A) Eine Birne wiegt genauso viel wie ein Apfel.
(B) Drei Äpfel wiegen genauso viel wie eine Birne.
(C) Drei Birnen wiegen genauso viel wie ein Apfel.
(D) Zwei Birnen wiegen genauso viel wie ein Apfel.
(E) Zwei Äpfel wiegen genauso viel wie eine Birne.

A-Ecolier (10) 2017

A 2.7 Im Gewächshaus sind die ersten Erdbeeren reif geworden. Nachdem Jan 16 Erdbeeren gepflückt hat, finden seine zwei Schwestern jede nur noch 10. Jan teilt brüderlich, damit sie alle drei gleich viele Erdbeeren haben. Wie viele Erdbeeren gibt er an jede seiner Schwestern ab?

(A) 2 (B) 3 (C) 4 (D) 5 (E) 6

A-Kadett (9), D/CH-7/8 (9) 2017

A 2.8 Beim Frühlingsfest sind heute zehn Kinder zum Sackhüpfen gestartet. Am Abend erzählt Mesut seiner Schwester, dass doppelt so viele Kinder vor ihm über die Ziellinie gehüpft sind wie hinter ihm ins Ziel kamen. Welchen Platz belegte Mesut?

(A) den 8. (B) den 7. (C) den 6. (D) den 5. (E) den 4.

A-Ecolier (12), D/CH-3/4 (16) 2015

A 2.9 Beim Känguru-Wettbewerb im vergangenen Jahr hatte Moritz alle 30 Fragen beantwortet. Dabei hatte er sechs richtige Antworten mehr als falsche. Wie viele Antworten waren richtig?

(A) 16 (B) 18 (C) 20 (D) 21 (E) 24

A-Junior (3), D/CH-9/10 (3) 2016

A 2.10 Bei Frau Schmidt im Garten hängen schon Ostereier, rote und blaue. Es gibt vier rote Ostereier mehr als blaue. Und es sind halb so viele blaue Ostereier wie rote. Wie viele Ostereier hängen bei Frau Schmidt im Garten?

(A) 10 (B) 12 (C) 14 (D) 15 (E) 18

D/CH-3/4 (14) 2019

A 2.11 Claudio hat drei Zahlen addiert und die Summe 777 erhalten. Einer der Summanden war 201. Was hätte Claudio erhalten, wenn er 102 statt 201 addiert hätte?

(A) 678 (B) 878 (C) 676 (D) 876 (E) 666

A-Ecolier (22), D/CH-3/4 (19) 2016

A 2.12 Ich habe zwei Zahlen addiert und als Summe 170 erhalten. Die größere Zahl endet auf 5, und wenn ich die 5 wegstreiche, bleibt die kleinere Zahl übrig. Wie groß ist die Differenz der beiden Zahlen?

(A) 110 (B) 120 (C) 130 (D) 140 (E) 150

D/CH-3/4 (23) 2016

A 2.13 Familie Berg hat ihren Wanderurlaub genau geplant. Von Montag bis Freitag stehen insgesamt 70 km auf dem Plan. Am Dienstag wandern sie 2 km mehr als am Montag, am Mittwoch 2 km mehr als am Dienstag usw. Wie viel wandern sie am Donnerstag?

(A) 12 km (B) 13 km (C) 14 km (D) 15 km (E) 16 km

A-Benjamin (14), D/CH-5/6 (13) 2017

A 2.14 Heuschrecke Herbert und Grille Gerlinde trainieren für das Sportfest. Herbert trainiert „Gleichhupf". Er springt mit jedem Sprung genau 6 Meter weit. Gerlinde trainiert „Steigerungshupf". Sie springt zuerst 1 Meter weit, dann 2 Meter, dann 3 Meter und so weiter. Überrascht stellen sie fest, dass sie vom Start bis zum Ziel beide genau gleich viele Sprünge brauchen. Wie viele Sprünge sind das?

(A) 10 (B) 11 (C) 12 (D) 13 (E) 14

A-Kadett (18), D/CH-7/8 (14) 2016

A 2.15 Beim Dosenwerfen hat Josef 6 Dosen getroffen und damit 25 Punkte erreicht. Nachdem die 15 Dosen genau wie vorher wieder aufgebaut sind, wirft Mila, und sie trifft 4 Dosen. Wie viele Punkte hat Mila?

(A) 22 (B) 23 (C) 25
(D) 26 (E) 28

nach Josefs Wurf

nach Milas Wurf

A-Benjamin (23), D/CH-5/6 (18) 2019

A 2.16 Nach dem Fahrplan fährt alle 3 Minuten ein Bus vom Flughafen zum Hauptbahnhof. Die Fahrt dauert 60 Minuten. Weil Frau Martens es eilig hat, nimmt sie ein Taxi. Das braucht für dieselbe Strecke nur 35 Minuten. Unterwegs fallen ihr die Busse auf, die das Taxi überholt. Wie viele Busse überholt das Taxi bis zum Hauptbahnhof, wenn es 2 Minuten nach einem Bus am Flughafen losgefahren ist?

(A) 7 (B) 8 (C) 10 (D) 11 (E) 12

A-Kadett (24), D/CH-7/8 (23) 2017

2.1 Lineare Gleichungen   35

A 2.17 Der schwerste Zug Europas transportiert Eisenerz vom Hamburger Hafen zum Stahlwerk Salzgitter in Niedersachsen. Die 40 Waggons wiegen insgesamt etwa 5700 t. Jeder Block aus drei aufeinander folgenden Waggons wiegt insgesamt etwa 430 t. Wie viel wiegen die beiden mittleren Waggons des Zugs zusammen?

(A) etwa 270 t (B) etwa 280 t (C) etwa 300 t (D) etwa 310 t (E) etwa 320 t

A-Kadett (30), D/CH-7/8 (30) 2019

Proportionen

A 2.18 Im Zoo zählt der kleine Felix die Beine und die Rüssel aller Elefanten. Felix stellt fest, dass es 18 Beine mehr als Rüssel sind. Wie viele Elefanten sind im Zoo?

(A) 4   (B) 5   (C) 6   (D) 8   (E) 9

A-Ecolier (20), D/CH-3/4 (20) 2016

A 2.19 In der Jugendherberge waren vor dem Frühstück die 5 Getränkespender randvoll mit Orangensaft, Kakao, Tee, Apfelsaft und Wasser. Die folgenden Bilder zeigen die Füllstände nach dem Frühstück. Es wurde doppelt so viel Kakao getrunken wie Apfelsaft. Welcher Getränkespender enthält Apfelsaft?

(A) 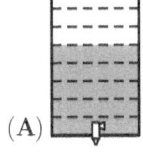 (B) 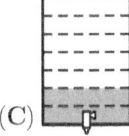 (C) 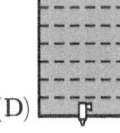 (D) 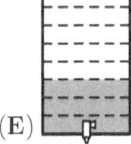 (E)

D/CH-9/10 (4) 2018

A 2.20 Lilly, Mark und Claas drehen ihre Fidget Spinner und stoppen die Zeit. Lilly dreht halb so lange wie Mark. Mark dreht dreimal so lange wie Claas. Wie lange dreht Lilly im Vergleich zu Claas?

(A) halb so lange   (B) eineinhalbmal so lange
(C) doppelt so lange   (D) zweieinhalbmal so lange
(E) sechsmal so lange

D/CH-7/8 (14) 2018

A 2.21 Auf der Rückfahrt von einer Exkursion legen Franka, Toni und Angelo ihr letztes Geld zusammen: Franka 80 Cent, Toni 50 Cent, Angelo 20 Cent. Sie kaufen dafür eine Tafel Schokolade und teilen die 30 Stückchen entsprechend ihrem Beitrag zum Kaufpreis auf. Wie viele Stückchen bekommt Angelo?

(A) 4   (B) 5   (C) 6   (D) 8   (E) 10

A-Junior (4), D/CH-9/10 (7) 2015

A 2.22 Tim besitzt eine Modelleisenbahn. Alles ist im H0-Maßstab 1:87 gebaut. Sogar seinen Bruder hat er als kleine, 2 cm hohe Figur exakt nachgebildet. Wie groß ist Tims Bruder in Wirklichkeit?

(A) 1,74 m   (B) 1,62 m   (C) 1,86 m   (D) 1,94 m   (E) 1,70 m

A-Student (2), D/CH-11/13 (2) 2017

A 2.23 Onkel Paul baut ein Stufenregal, das unter ein schräges Dach passen soll. Er sägt vier verschieden lange Bretter zurecht. Je zwei Bretter, die im Regal aufeinander folgen, unterscheiden sich um dieselbe Länge. Das zweitlängste Brett ist 184 cm lang und die durchschnittliche Länge der vier Bretter ist 178 cm. Wie lang ist das kürzeste Brett?

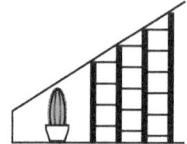

(A) 160 cm   (B) 164 cm   (C) 166 cm
(D) 170 cm   (E) 172 cm

A-Junior (17), D/CH-9/10 (13) 2017

A 2.24 Zu dem Riemenantriebssystem rechts im Bild gehören die drei Räder A, B und C. Wenn Rad B sich viermal gedreht hat, hat Rad A sich fünfmal gedreht. Hat Rad B sich sechsmal gedreht, so hat Rad C sich siebenmal gedreht. Der Durchmesser von Rad C beträgt 30 cm. Welchen Durchmesser hat Rad A?

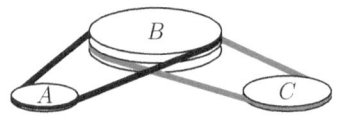

(A) 27 cm   (B) 28 cm   (C) 29 cm
(D) 30 cm   (E) 31 cm

A-Junior (15), D/CH-9/10 (16) 2017

2.1 Lineare Gleichungen

A 2.25 Im Freibad schwimmt Jonathan Bahnen im 25-Meter-Becken, während seine Schwester Mira auf dem Beckenrand Runden um das Becken läuft (*Abbildung ist nicht maßstabsgerecht*). Mira läuft dreimal so schnell wie Jonathan schwimmt, wobei sie für fünf Umrundungen genauso lange braucht wie Jonathan für sechs Bahnen. Wie breit ist das Becken?

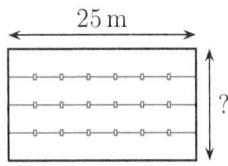

(A) 12 m   (B) 15 m   (C) 16 m   (D) 18 m   (E) 20 m

A-Kadett (24), D/CH-9/10 (20) 2018

A 2.26 Zwei Kerzen wurden gleichzeitig angezündet. Beide sind zylinderförmig, haben aber unterschiedliche Durchmesser und Höhen. Die Brenndauer der ersten Kerze beträgt 6 Stunden, die Brenndauer der zweiten 8 Stunden. Nach 3 Stunden sind beide Kerzen auf die gleiche Höhe heruntergebrannt. Die erste Kerze war vor dem Anzünden 35 cm hoch. Wie hoch war die zweite Kerze vor dem Anzünden?

(A) 10,5 cm   (B) 15 cm   (C) 17,5 cm   (D) 20 cm   (E) 28 cm

A-Kadett (19), D/CH-7/8 (24) 2019

A 2.27 Selmas und Naomis Ersparnisse stehen im Verhältnis 5 : 3. Als Selma sich Kopfhörer für 32 Euro kauft, kehrt sich das Verhältnis um und ist nun 3 : 5. Wie viel Geld hat Selma von ihrem Ersparten übrig?

(A) 15 Euro   (B) 16 Euro   (C) 18 Euro   (D) 21 Euro   (E) 25 Euro

A-Kadett (27), D/CH-7/8 (28) 2019

A 2.28 Die Fahne unseres Angelvereins soll neu genäht werden. Sie ist rechteckig, und ihre Höhe verhält sich zur Breite wie 3 : 5. Die vier verschiedenfarbigen Stoffstücke sind rechteckig und haben alle denselben Flächeninhalt (*Abbildung ist nicht maßstabsgerecht*). Wie verhält sich bei dem schwarzen Stoffrechteck die kürzere zur längeren Seite?

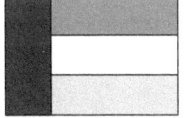

(A) 1 : 3   (B) 2 : 5   (C) 2 : 7
(D) 3 : 10   (E) 5 : 12

A-Junior (15), D/CH-9/10 (19) 2019

Gleichungen mit Prozenten

A 2.29 In der Zeitung steht, dass am vergangenen Wochenende mehr als 800 Frauen und Männer beim Teamlauf „Rund um den Steinberg" dabei waren. Genau 35 % der Teilnehmenden waren Frauen, und es waren 252 Männer mehr als Frauen. Wie viele Frauen und Männer nahmen insgesamt teil?

(A) 802   (B) 810   (C) 822   (D) 824   (E) 840

―――――――――――――――――――――   A-Kadett (15), D/CH-7/8 (15) 2017

A 2.30 Einst hatte ein Bäcker vom Müller mehrere Säcke Mehl geholt, ein jeder unterschiedlich schwer. Sein Geselle, der sich im Rechnen übte, fand, dass die beiden leichtesten Säcke 25 % der Gesamtmasse ausmachten. Die drei schwersten Säcke entsprachen 60 % der Gesamtmasse. Wie viele Säcke Mehl hatte der Bäcker vom Müller insgesamt geholt?

(A) 6   (B) 7   (C) 8   (D) 9   (E) 10

―――――――――――――――――――――   A-Kadett (21), D/CH-7/8 (22) 2015

A 2.31 Beim Känguru-Wettbewerb hat Josip die Zeit gestoppt, die er für die 3-Punkt-, die 4-Punkt- und die 5-Punkt-Aufgaben verwendet hat. Er hat ein paar Aufgaben ausgelassen und die kompletten 75 Minuten genutzt. Josip hat für die 3-Punkt-Aufgaben 15 % weniger Zeit als für die 4-Punkt-Aufgaben verwendet und für die 5-Punkt-Aufgaben 90 % mehr Zeit als für die 4-Punkt-Aufgaben. Wie lange hat Josip an den 5-Punkt-Aufgaben gearbeitet?

(A) 38 min   (B) 40 min   (C) 42 min   (D) 49 min   (E) 57 min

―――――――――――――――――――――   A-Kadett (27), D/CH-7/8 (26) 2018

A 2.32 Kostas schaut sich im Laden zwei Smartphones an, auf die es gerade Rabatt gibt. Das erste kostet 90 %, das zweite 85 % des jeweiligen ursprünglichen Preises. Bei beiden Smartphones würde Kostas im Vergleich zum jeweiligen ursprünglichen Preis denselben Geldbetrag sparen. Wenn das erste Smartphone ursprünglich p Euro kostete, wie viel kostete dann das zweite ursprünglich?

(A) $\frac{2}{3}p$ Euro   (B) $\frac{3}{2}p$ Euro   (C) $\frac{17}{18}p$ Euro   (D) $\frac{18}{17}p$ Euro   (E) p Euro

―――――――――――――――――――――   A-Student (11), D/CH-11/13 (11) 2018

A 2.33 Jolitas externe Festplatte ist voll. Ein Teil der Festplatte ist mit Videos belegt. Von dem Speicherplatz der Videos sind 65 % durch ihre Lieblingsserie belegt. Die restlichen Videos sind privat. Sie machen zusammen 7 % des Gesamtspeicherplatzes aus. Wie viel Prozent der Festplatte sind mit Jolitas Lieblingsserie belegt?

(A) 13 % (B) 15 % (C) 18 % (D) 21 % (E) 25 %

A-Junior (15), D/CH-9/10 (17) 2018

A 2.34 Penny besitzt einen Antiquitätenladen. Gestern hat sie zwei wertvolle Uhren verkauft. Für die große Standuhr hat sie 40 % mehr Geld bekommen, als sie dafür bezahlt hat. Für die goldene Armbanduhr hat sie sogar 60 % mehr Geld bekommen, als sie dafür bezahlt hat. Für beide Uhren zusammen hat sie 54 % mehr Geld bekommen, als sie für beide zusammen bezahlt hat. Die Standuhr hat Penny für 120 € gekauft. Wie viel hat Penny für die Armbanduhr bezahlt?

(A) 156 € (B) 162 € (C) 180 € (D) 240 € (E) 280 €

A-Student (17), D/CH-11/13 (22) 2015

2.2 Gleichungssysteme

A 2.35 In unserem Schulchor singen 36 Kinder. Bei der Probe sitzen alle auf Zweierbänken. Heute saß neben jedem Jungen ein Mädchen, aber nur die Hälfte der Mädchen hatte einen Jungen als Nachbarn. Wie viele Jungen sind im Chor?

(A) 12 (B) 14 (C) 15 (D) 17 (E) 18

A-Benjamin (13), D/CH-5/6 (13) 2016

A 2.36 Die Klasse 9a spielt Basketball. Julians Team gewinnt mit 5 Punkten Vorsprung vor Charlottes Team. Charlotte beschwert sich: „Alles wegen Julian! Würden Julians Punkte für uns zählen, hätten wir mit 7 Punkten Vorsprung gewonnen." Wie viele Punkte hat Julian gemacht?

(A) 5 (B) 6 (C) 7 (D) 8 (E) 9

D/CH-9/10 (10) 2018

A 2.37 Meine Tante Marla eröffnet ein Café. Ihr Freund Pietro schenkt ihr quadratische Tische und Stühle. Um die Tische einzeln mit je 4 Stühlen zu stellen, fehlen Marla 6 Stühle. Stellt sie jedoch immer 2 Tische zusammen und je 6 Stühle dazu, bleiben 4 Stühle übrig. Wie viele Tische hat Marla von Pietro bekommen?

(A) 8   (B) 10   (C) 12   (D) 14   (E) 16

A-Benjamin (20), D/CH-5/6 (20) 2016

A 2.38 Mara und Elio gestalten die Pinnwand mit Fotos vom Wandertag. Zuerst pinnen sie Foto für Foto einzeln an (Bild 1). Als sie merken, dass die Nadeln nicht reichen werden, pinnen sie die restlichen Fotos in einer Reihe an (Bild 2). So sind 21 Fotos mit 74 Nadeln angepinnt. Wie viele Fotos hängen wie in Bild 1?

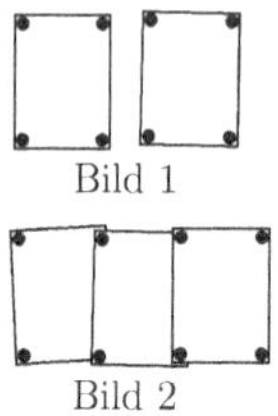

(A) 11   (B) 13   (C) 15   (D) 17   (E) 19

Bild 1

Bild 2

D/CH-3/4 (24) 2019

A 2.39 Wenn $2x + 2y = 14$ und $x^2 - y^2 = 21$ ist, wie groß ist dann $x - y$?

(A) 1   (B) -3 (C) 2   (D) 3   (E) -1

D/CH-9/10 (14) 2017

A 2.40 Jarkko und Ville fliegen gemeinsam nach Finnland. Ihr Gepäck wiegt zusammen 60 kg. Am Flughafen wird ihnen mitgeteilt, dass sie zusammen das maximale Gewicht für Freigepäck überschritten haben. Für ihr Übergepäck müssen sie pro Kilogramm einen festen Betrag bezahlen, insgesamt 112 Euro. „Würde ich allein fliegen", sagt Jarko, „müsste ich für die 60 kg sogar 296 Euro zahlen." Wie viel Freigepäck darf jeder Fluggast auf diesem Flug mitnehmen?

(A) 18 kg   (B) 19,5 kg   (C) 20 kg   (D) 23 kg   (E) 25,5 kg

D/CH-11/13 (16) 2017

A 2.41 An der Tafel stehen fünf natürliche Zahlen. Peter berechnet alle möglichen Summen von je zwei dieser Zahlen, erhält aber nur drei verschiedene Ergebnisse: 57, 70 und 83. Welches ist die größte Zahl an der Tafel?

(A) 69   (B) 56   (C) 53   (D) 48   (E) 42

A-Kadett (22), D/CH-7/8 (28) 2015

A 2.42 Das Fünfeck $ABCDE$ hat die in der Zeichnung angegebenen Seitenlängen (in cm). Alma konstruiert um jeden Eckpunkt einen Kreis. Dabei berühren sich Kreise um benachbarte Eckpunkte in einem Punkt der Seite, die diese beiden Eckpunkte verbindet. Um welchen Eckpunkt konstruiert Alma den größten Kreis?

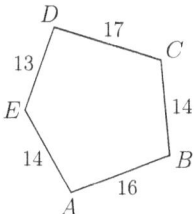

(A) um A (B) um B (C) um C
(D) um D (E) um E

A-Kadett (27), D/CH-7/8 (27) 2016

2.3 Einige nichtlineare Gleichungen

A 2.43 Für eine reelle Zahl x gelte die Gleichung $x^2 - 8x + 16 = 0$. Welchen Wert hat dann $x + \dfrac{16}{x}$?

(A) -8 (B) -4 (C) 0 (D) 4 (E) 8

A-Student (9), D/CH-11/13 (13) 2016

A 2.44 Die quadratische Gleichung $x^2 - x - 2018 = 0$ hat zwei verschiedene Lösungen x_1 und x_2. Welchen Wert hat $x_1^2 + x_2$?

(A) 2016 (B) 2017 (C) 2018 (D) 2019 (E) 2020

A-Student (22), D/CH-11/13 (23) 2018

A 2.45 Auf dem Taschenrechner will Florentine $(a + b) : c$ ausrechnen, wobei a, b und c natürliche Zahlen sind. Dazu gibt sie $\boxed{a + b \div c =}$ ein und erhält als Ergebnis 11. Bei der Eingabe von $\boxed{b + a \div c =}$ erhält sie hingegen als Ergebnis 14. Wie lautet das von Florentine gesuchte Ergebnis von $(a + b) : c$?

(A) 1 (B) 2 (C) 5 (D) 7 (E) 8

A-Student (23), D/CH-9/10 (27) 2019

2.4 Größer oder kleiner? – Ungleichungen

A 2.46 Karin möchte fünf Schüsseln so auf einem Tisch aufstellen, dass sie nach ihrem Gewicht geordnet sind. Sie hat die Schüsseln Q, R, S und T bereits geordnet hingestellt, wobei Q am leichtesten und T am schwersten ist.

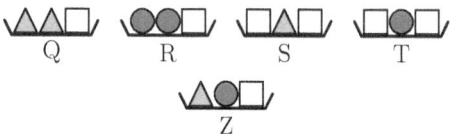

Wo muss sie Schüssel Z hinstellen?

(A) links von Schüssel Q (B) zwischen die Schüsseln Q und R
(C) zwischen die Schüsseln R und S (D) zwischen die Schüsseln S und T
(E) rechts von Schüssel T

A-Ecolier (21) 2016

A 2.47 Beim Versand der Pakete mit den Preisen für den Känguru-Wettbewerb hat Martin drei Pakete zusammen auf die Waage gelegt. Diese zeigt 28 kg. Die Gewichte der Pakete, in Kilogramm angegeben, sind drei verschiedene natürliche Zahlen. Wie schwer kann das leichteste dieser Pakete *höchstens* sein?

(A) 1 kg (B) 4 kg (C) 7 kg (D) 8 kg (E) 9 kg

D/CH-9/10 (9) 2019

A 2.48 Ein Zug setzt sich aus 12 Waggons zusammen. Jeder Waggon hat gleich viele Abteile. Mike sitzt im 18. Abteil hinter der Lokomotive, dieses ist im dritten Waggon. Johanna sitzt im 50. Abteil hinter der Lokomotive, dieses ist im siebten Waggon. Wie viele Abteile besitzt ein Waggon?

(A) 7 (B) 8 (C) 9 (D) 10 (E) 12

A-Benjamin (22) 2015

A 2.49 Von den zwei positiven reellen Zahlen p und q ist die Zahl p kleiner als 1 und die Zahl q größer als 1. Welche der folgenden Zahlen ist am größten?

(A) $p \cdot q$ (B) $p + q$ (C) p (D) $\dfrac{p}{q}$ (E) q

A-Student (12), D/CH-11/13 (9) 2017

2.4 Größer oder kleiner? – Ungleichungen

A 2.50 Es seien a, b, c und d positive ganze Zahlen. Für diese Zahlen gilt
$$a + 2 = b - 2 = c \cdot 2 = d : 2.$$
Welche der vier Zahlen a, b, c und d ist am größten?

(A) a \qquad (B) b \qquad (C) c \qquad (D) d
(E) Das ist nicht eindeutig bestimmt.

A-Student (11), D/CH-11/13 (15) 2016

A 2.51 Bei der Wahl des Klassensprechers der 8a gibt es drei Kandidaten: Marie, Levin und Henja. Alle 30 Schülerinnen und Schüler haben Stimmzettel erhalten, um sich in geheimer Wahl für einen der drei Kandidaten zu entscheiden. Wer die meisten Stimmen hat, wird neuer Klassensprecher. Bei der Auszählung wird ein Zwischenstand angesagt: Marie hat bereits 3 Stimmen, Levin 5 und Henja sogar 9. Wie viele weitere Stimmen reichen für Henja aus, um sicher als neue Klassensprecherin festzustehen?

(A) 2 \qquad (B) 4 \qquad (C) 5 \qquad (D) 7 \qquad (E) 8

A-Kadett (21), D/CH-7/8 (24) 2018

A 2.52 Im Keller der alten Apotheke saßen nachts vier weiße Mäuse auf einer antiken Doppelwaage, die sich wie im linken Bild neigte. Kaum schaute Kater Griesgram um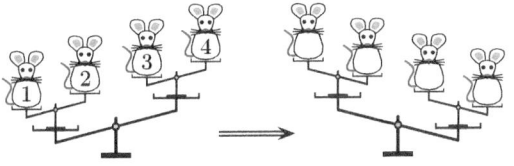
die Ecke, tauschten zwei der Mäuse erschreckt die Plätze, worauf sich die Waage wie im rechten Bild neigte. Welche beiden Mäuse haben die Plätze getauscht?

(A) 1 und 2 \qquad (B) 2 und 4 \qquad (C) 2 und 3
(D) 1 und 3 \qquad (E) 1 und 4

A-Junior (17), D/CH-9/10 (18) 2015

A 2.53 Von fünf verschiedenen positiven ganzen Zahlen a, b, c, d, e ist bekannt, dass $c : e = b$, $a + b = d$ und $e - d = a$ gilt. Welche der fünf Zahlen ist die größte?

(A) a \qquad (B) b \qquad (C) c \qquad (D) d \qquad (E) e

A-Student (14), D/CH-11/13 (15) 2015

A 2.54 Für
$$w = \sqrt{20 + \sqrt{20 + \sqrt{20 + \sqrt{20 + \sqrt{20}}}}}$$
gilt eine der folgenden Aussagen. Welche?
(**A**) $4 < w < 5$ (**B**) $5 < w < 6$ (**C**) $6 < w < 7$
(**D**) $20 < w < 21$ (**E**) $25 < w < 26$

A 2.55 Für eine ganze Zahl z sind genau zwei der folgenden fünf Ungleichungen richtig, und die anderen drei sind falsch.

(1) $2z > 130$ (2) $z < 200$ (3) $3z > 50$ (4) $z > 205$ (5) $z > 15$

Welches sind die beiden richtigen Ungleichungen?

(**A**) (1) und (3)   (**B**) (3) und (4)   (**C**) (2) und (3)
(**D**) (4) und (5)   (**E**) (2) und (5)

2.5 Funktionen und ihre Graphen

A 2.56 Auf einer Biologie-Exkursion hat Diana in einem Waldstück den Bestand der vier häufigsten Baumarten ausgezählt und ihr Ergebnis dann in einem Säulendiagramm 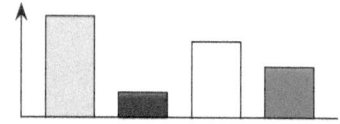 dargestellt. Jasper findet, dass für die Darstellung ein Kreisdiagramm besser geeignet wäre. Wie könnte dieses Kreisdiagramm aussehen?

(**A**) 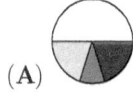   (**B**)    (**C**)    (**D**)    (**E**)

A 2.57 In einem Koordinatensystem sind vier der fünf Punkte die Eckpunkte eines Quadrats. Welcher der fünf Punkte ist *nicht* Eckpunkt dieses Quadrats?

(**A**) $P(-1|3)$ (**B**) $Q(0|-4)$ (**C**) $R(-2|-1)$ (**D**) $S(1|1)$ (**E**) $T(3|-2)$

2.5 Funktionen und ihre Graphen

A 2.58 Gregory hat die Ergebnisse eines Experiments in ein Diagramm eingetragen, aber dabei versehentlich die Werte für die Messgrößen x und y vertauscht (s. Abb. rechts). Wie müsste das Diagramm richtig aussehen?

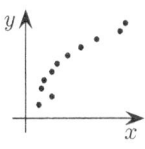

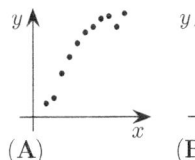 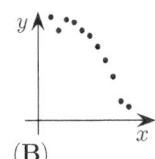 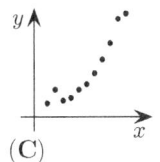 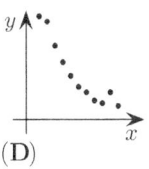 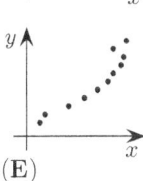

(A)   (B)   (C)   (D)   (E)

A-Student (5), D/CH-11/13 (6) 2016

A 2.59 Welcher Quadrant des Koordinatensystems enthält *keine* Punkte der Geraden mit der Gleichung $y = -1{,}5x + 2$?

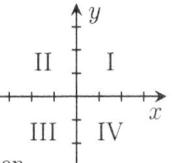

(A) I   (B) II   (C) III   (D) IV   (E) Alle Quadranten werden passiert.

A-Student (8), D/CH-9/10 (7) 2017

A 2.60 Der Graph der Funktion $f(x) = x$ schneidet die Graphen der folgenden fünf Funktionen. Mit dem Graphen welcher Funktion hat dieser Graph die *meisten* Schnittpunkte?

(A) $g_1(x) = x^2$ (B) $g_2(x) = x^3$ (C) $g_3(x) = x^4$
(D) $g_4(x) = -x^4$ (E) $g_5(x) = -x$

A-Student (10), D/CH-11/13 (5) 2017

A 2.61 Die Koordinatenebene wird durch die x-Achse, die y-Achse und die Graphen der beiden Funktionen $f(x) = 2 - x^2$ und $g(x) = x^2 - 1$ in mehrere Gebiete zerlegt. Wie viele Gebiete sind das?

(A) 8   (B) 11   (C) 12   (D) 14   (E) 15

A-Student (12), D/CH-11/13 (13) 2015

A 2.62 Vier der folgenden fünf Bilder zeigen einen Ausschnitt des Graphen derselben quadratischen Funktion. Welches Bild gehört zum Graphen einer anderen Funktion?

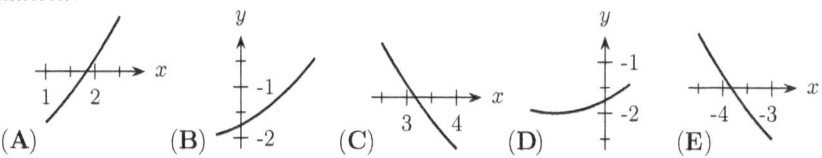

A-Student (5), D/CH-11/13 (10) 2017

A 2.63 Tom füllt unter einem laufenden Wasserhahn eine leere Blumenvase bis zum Rand mit Wasser. Der Graph zeigt, wie sich die Wasserhöhe h in der Vase mit der Zeit t beim Befüllen verändert. Welche Form könnte die Vase haben, die Tom gerade befüllt hat?

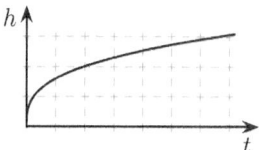

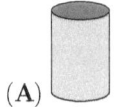 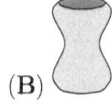 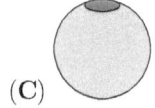 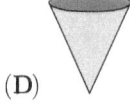 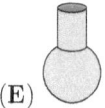
(A)   (B)   (C)   (D)   (E)

A-Student (12), D/CH-11/13 (10) 2018

A 2.64 Wie viele quadratische Funktionen

$$f(x) = ax^2 + bx + c \text{ mit } a \neq 0$$

gibt es, deren Graph durch mindestens drei der neun im Bild markierten Punkte verläuft?

(A) 6   (B) 15   (C) 20   (D) 22   (E) 27

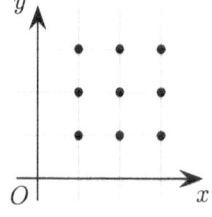

A-Student (23), D/CH-11/13 (25) 2016

3 Kombinatorik – mit Zahlen und Figuren

„Wie viele Möglichkeiten gibt es ...?" ist die zentrale Frage in diesem Kapitel. Es geht um Reihenfolgen, Anordnungen, Auswahlen und Zusammenstellungen, wobei meist noch die eine oder andere zusätzliche Bedingung zu beachten ist. Damit schulen die Aufgaben in diesem Kapitel ganz besonders das systematische Arbeiten und das Erkennen von geeigneten Strategien.

3.1 Reihenfolgen, Vertauschungen und Zugfolgen

A 3.1 Fünf quadratische Servietten liegen wie im Bild übereinander. In welcher Reihenfolge wurden die Servietten hingelegt?

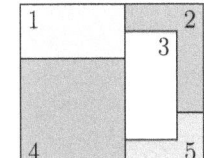

(A) 1, 4, 3, 5, 2 (B) 5, 2, 3, 1, 4 (C) 3, 2, 5, 1, 4
(D) 5, 3, 2, 1, 4 (E) 2, 5, 3, 4, 1

A-Felix (6), D/CH-3/4 (10) 2019

A 3.2 Ein Dreieck, ein Quadrat und ein Kreis liegen in unterschiedlicher Reihenfolge übereinander. Wie oft liegt das Quadrat unter dem Dreieck?

(A) viermal (B) dreimal (C) zweimal (D) einmal (E) keinmal

A-Ecolier (13), D/CH-3/4 (13) 2016

A 3.3 Die drei Nashörner Puri, Obie und Rollo sind im Zoo auf ihrem Abendspaziergang. Puri geht vorn, Obie in der Mitte und Rollo als Letzter. Puri wiegt 500 kg mehr als Obie. Obie wiegt 1000 kg weniger als Rollo.
Welches Bild zeigt die richtige Reihenfolge?

(A)  (B)  (C)
(D)  (E)

A-Benjamin (6), D/CH-5/6 (5) 2017

A 3.4 Es gibt weiße, graue und schwarze Quadrate. Drei Kinder legen damit dieses Muster.

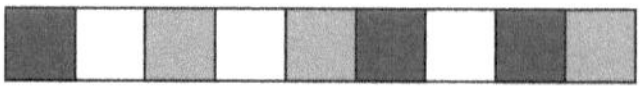

Dann ersetzt Anni alle schwarzen Quadrate durch weiße Quadrate. Danach ersetzt Bob alle grauen Quadrate durch schwarze Quadrate. Schließlich ersetzt Chris alle weißen Quadrate durch graue Quadrate. Welches Bild liegt nun vor den Kindern?

(A)    (B) 
(C) 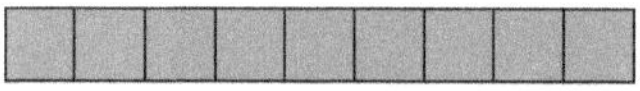   (D) 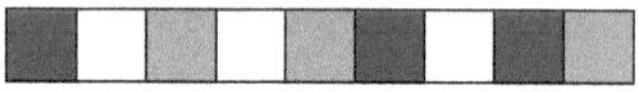
(E)

A-Felix (12) 2019

A 3.5 Toms Mutter hat ihm sieben kleine Möhren in die Schule mitgegeben. Tom möchte aber lieber Radieschen. Mit Tanja kann er immer zwei kleine Möhren gegen eine Minigurke tauschen. Und mit Murat kann er immer eine Minigurke gegen drei Radieschen tauschen. Wie viele Radieschen kann sich Tom auf diese Weise höchstens ertauschen?

(A) 6   (B) 8   (C) 9   (D) 11   (E) 12

A-Ecolier (13), D/CH-3/4 (18) 2019

A 3.6 Tante Luise hat fünf kleine Pfannkuchen gebraten und sie zum Servieren auf eine Platte gelegt. In welcher Reihenfolge hat Tante Luise die Pfannkuchen *ganz gewiss nicht* hingelegt?

(A) 3, 2, 5, 4, 1   (B) 5, 3, 4, 2, 1   (C) 3, 2, 1, 5, 4   (D) 5, 3, 2, 4, 1   (E) 3, 5, 1, 2, 4

D/CH-3/4 (18) 2015

A 3.7 Als Vanessa Taschengeld bekommt, ist zufällig ihr Onkel zu Besuch. „Aufgepasst!", ruft er. „Ich werde folgende 3 Aktionen mit deinem Geld ausführen:

(1) Ich lege 1 Euro dazu.   (2) Ich nehme 1 Euro weg.   (3) Ich verdopple.

Wähle klug die Reihenfolge."
Bei welcher Reihenfolge bekommt Vanessa am meisten?

(A) (1)(3)(2)   (B) (1)(2)(3)   (C) (2)(3)(1)   (D) (2)(1)(3)   (E) (3)(1)(2)

A-Benjamin (15), D/CH-5/6 (20) 2017

A 3.8 Sechs Dominosteine wurden wie abgebildet in eine Reihe gelegt.

Die Reihe soll mit so wenigen Zügen wie möglich so umgeordnet werden, dass sich benachbarte Steine mit derselben Punktzahl berühren. Ein Zug besteht darin, zwei Steine miteinander zu vertauschen. Dabei dürfen sie auch gedreht werden. Wie viele Züge sind nötig?

(A) 1 (B) 2 (C) 3 (D) 4 (E) 5

A-Kadett (30), D/CH-7/8 (22) 2018

A 3.9 Auf einem 5×5-Spielbrett liegen Spielsteine, die auf einer Seite schwarz und auf der anderen Seite weiß sind. Zu Beginn liegen alle Steine mit der weißen Seite nach oben. Bei jedem Spielzug sind zwei waagerecht oder senkrecht benachbarte Steine umzudrehen. Ziel ist es, das abgebildete Schachbrettmuster zu erhalten. Wie viele Spielzüge sind dazu mindestens nötig?

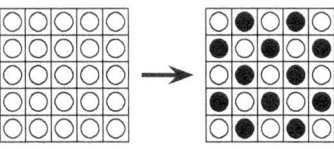

(A) 16 (B) 15 (C) 14 (D) 12 (E) 10

A-Junior (23), D/CH-9/10 (27) 2016

3.2 Kombinatorisches mit Zahlen

Anordnungen und Umordnungen

A 3.10 Drei Spielwürfel werden gleichzeitig geworfen. Wie viele verschiedene Punktesummen sind möglich?

(A) 13 (B) 14 (C) 16 (D) 18 (E) 21

A-Junior (4), D/CH-9/10 (3) 2019

A 3.11 Wie viele Zahlen, die größer als 10 und kleiner als 60 sind, können mit jeweils zwei verschiedenen der Ziffern 0, 1, 2, 5 und 8 gebildet werden?

(A) 6 (B) 8 (C) 9 (D) 11 (E) 13

D/CH-3/4 (19) 2018

A 3.12 Vom Gärtner hat mein Vater vier Primeln mitgebracht: eine gelbe, eine weiße, eine rote und eine blaue. Alle vier möchte ich nebeneinander in den Blumenkasten pflanzen. Die blaue und auch die rote Primel will ich direkt neben die gelbe pflanzen. Für die Reihenfolge der vier Primeln im Kasten gibt es mehrere Möglichkeiten. Wie viele?

(A) 4 (B) 5 (C) 6 (D) 7 (E) 8

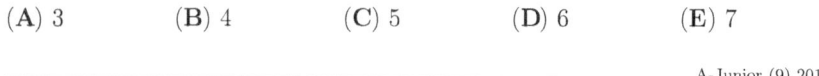
A-Ecolier (13), D/CH-3/4 (15) 2015

A 3.13 Schritt für Schritt soll aus dem Wort VELO das Wort LOVE entstehen. In jedem Schritt dürfen zwei benachbarte Buchstaben vertauscht werden. Wie viele Schritte sind mindestens erforderlich?

(A) 3 (B) 4 (C) 5 (D) 6 (E) 7

A-Junior (9) 2016

A 3.14 In der abgebildeten Versuchsanordnung fällt eine Kugel auf das oberste Hindernis. Dann fällt sie an jedem Hindernis entweder nach links oder nach rechts auf das nächste Hindernis. Im Beispiel landet die Kugel schließlich unten in der Kiste.
Wie viele Wege gibt es insgesamt, bei denen die Kugel in der Kiste landet?

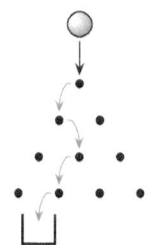

(A) 4 (B) 6 (C) 9 (D) 10 (E) 15

A-Kadett (7), D/CH-7/8 (11) 2018

A 3.15 Karin sitzt in der Badewanne und spielt mit drei Bade-Enten. Sie verteilt sie auf die sieben Fliesen am Badewannenrand. Dabei lässt sie wie
im Beispiel zwischen je zwei Enten stets mindestens eine Fliese leer. Wie viele Möglichkeiten hat Karin, die drei Enten auf diese Weise auf die sieben Fliesen am Badewannenrand zu verteilen?

(A) 6 (B) 8 (C) 10 (D) 11 (E) 13

A-Benjamin (23), D/CH-5/6 (18) 2015

A 3.16 Merle möchte ihre Sportnote verbessern. Sie plant, bis zu den Ferien jede Woche zu joggen und zwar immer an denselben Wochentagen. An drei Tagen pro Woche will sie joggen, aber niemals an aufeinanderfolgenden Tagen. Wie viele Möglichkeiten hat Merle für die Auswahl ihrer drei Lauftage?

(A) 6 (B) 7 (C) 10 (D) 12 (E) 13

A-Junior (16), D/CH-9/10 (15) 2017

A 3.17 Arne, Melina, Johannes und Dalila wollen Kanu fahren. Leider ist im Bootshaus nur ein einziges Zweierkanu frei. Also fahren zuerst zwei, dann wird gewechselt. Arne will keinesfalls vorn sitzen. Wie viele Möglichkeiten gibt es dann, für die erste Fahrt zwei der vier Kinder in dem Zweierkanu zu platzieren?

(A) 5 (B) 7 (C) 8 (D) 9 (E) 12

A-Ecolier (22), D/CH-3/4 (21) 2017

A 3.18 Eric hat ein Schwein, einen Hai und ein Nashorn auf Papier gemalt und sie dann zerschnitten. Kopf, Bauch und Hinterteil kann er beliebig zusammenfügen. Eric kann außer Schwein, Hai und Nashorn auch viele Phantasietiere legen. Wie viele verschiedene Tiere – tatsächliche und phantastische – sind möglich?

(A) 9 (B) 15 (C) 24 (D) 27 (E) 30

A-Ecolier (23), D/CH-3/4 (23) 2015

A 3.19 Für das Siegerfoto nach Abschluss eines Tennis-Doppelturniers sollen sich die drei erstplatzierten Paare in einer Reihe aufstellen, wobei die jeweiligen Doppelpartner nebeneinander stehen sollen. Wie viele Möglichkeiten gibt es für die Reihenfolge der sechs Tennisspieler auf dem Siegerfoto?

(A) 24 (B) 30 (C) 32 (D) 36 (E) 48

A-Junior (23), D/CH-9/10 (23) 2015

A 3.20 Zum Mittelalterfest auf Burg Rabenstein soll es im Vorhof entlang der Festungsmauer nebeneinander fünf Stände geben: je einen für einen Schmied, einen Töpfer und einen Schneider sowie einen mit deftigen Speisen und einen mit Wein. Die Stände der drei Handwerker sollen nebeneinander stehen und ebenso die beiden Stände mit Essen und Getränken. Wie viele Möglichkeiten gibt es für die Anordnung der fünf Stände?

(A) 12 (B) 24 (C) 36 (D) 48 (E) 60

A 3.21 Für den Balkon hat Marion Pflanzen gekauft: drei verschiedenfarbige Stiefmütterchen und sechs verschiedenfarbige Primeln. In eine große Schale will sie zwei Stiefmütterchen und vier Primeln pflanzen. Wie viele Möglichkeiten hat sie, diese aus den gekauften Pflanzen auszuwählen?

(A) 24 (B) 30 (C) 45 (D) 60 (E) 96

Richtig kombiniert

A 3.22 Auf den sechs Seiten eines Spielwürfels sind 1, 2, 3, 4, 5 und 6 Punkte. Auf gegenüberliegenden Seiten sind zusammen stets sieben Punkte. Nur eine der folgenden Abbildungen zeigt einen Spielwürfel. Welche?

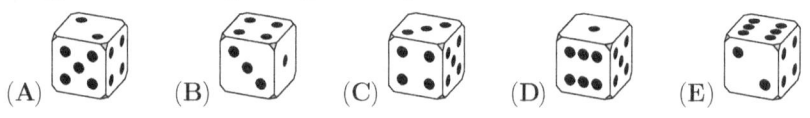

A 3.23 Oskar hat die Zahlen 1, 2, 3, 4, 5, 6, 7, 8, 9 und 10 auf zehn Karten geschrieben. Er wählt zwei Karten aus, schreibt die Summe der zwei Zahlen auf einen Zettel und legt die beiden Karten zur Seite. Nachdem Oskar das fünfmal getan hat, stehen auf dem Zettel fünf Zahlen. Vier davon sind 12, 7, 6 und 14. Welches ist die fünfte Zahl?

(A) 16 (B) 11 (C) 17 (D) 9 (E) 13

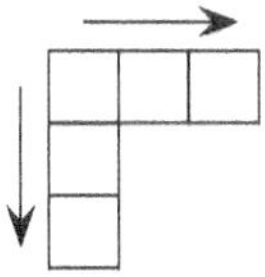

3.2 Kombinatorisches mit Zahlen

A 3.24 Niklas will die Zahlen 1, 2, 3, 4 und 5 so in die fünf leeren Felder eintragen, dass die Zahlen in Richtung der Pfeile größer werden. Wie viele Möglichkeiten hat er dafür?

(A) 2 (B) 4 (C) 5 (D) 6 (E) 8

A-Benjamin (18), D/CH-5/6 (18) 2017

A 3.25 Um den großen runden Platz im Stadtpark wurden rundherum am Rand verschiedene Obstbäume gepflanzt. Zwischen dem Quittenbaum und dem Pflaumenbaum stehen in der einen Richtung acht Bäume und in der anderen Richtung elf Bäume. Wie viele Bäume stehen insgesamt am Rand des Platzes?

(A) 19 (B) 20 (C) 21 (D) 22 (E) 23

D/CH-9/10 (3) 2017

A 3.26 Einige Mädchen stehen im Kreis. Die Lehrerin fordert die Mädchen zum Durchzählen auf. Bianca sagt 1, ihre Nachbarin 2 und so weiter. Wenn sie im Uhrzeigersinn zählen, sagt Antonia 6. Wenn sie gegen den Uhrzeigersinn zählen, sagt Antonia 9. Wie viele Mädchen bilden den Kreis?

(A) 11 (B) 12 (C) 13 (D) 14 (E) 15

A-Junior (6) 2017

A 3.27 Auf einem Kreis liegen n Knöpfe gleichmäßig angeordnet. Die Knöpfe sind im Uhrzeigersinn der Reihe nach mit den Zahlen von 1 bis n beschriftet. Der Knopf mit der Zahl 7 liegt dem Knopf mit der Zahl 23 genau gegenüber. Wie groß ist n?

(A) 30 (B) 32 (C) 34 (D) 36 (E) 38

A-Kadett (21) 2019

A 3.28 Ella, Josef, Luke, Oana und Tina lesen gern und tauschen manchmal ihre Lieblingsbücher miteinander. Ella hat schon mit allen vier Freunden getauscht, Josef mit drei, Luke mit zwei und Oana mit einem. Mit wie vielen ihrer vier Freunde hat Tina bereits getauscht?

(A) mit keinem   (B) mit einem   (C) mit zwei
(D) mit drei   (E) mit allen vier

A-Kadett (14), D/CH-7/8 (19) 2019

A 3.29 In die Zahlenmauer sollen natürliche Zahlen so eingetragen werden, dass die Summe zweier nebeneinander stehender Zahlen in dem Feld direkt darüber steht. Wie viele ungerade Zahlen können in die Zahlenmauer *höchstens* eingetragen werden?

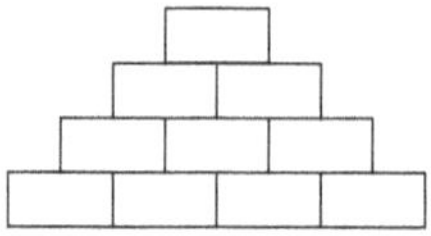

(A) 4 (B) 5 (C) 6 (D) 7 (E) 8

D/CH-5/6 (23) 2017

A 3.30 Beim 3000-Meter-Lauf liegen Kia, Lea und Mia sehr weit vor allen anderen Läuferinnen und gehen in dieser Reihenfolge in die letzte Runde. Jede der drei Läuferinnen überholt noch genau einmal eine der beiden anderen. Wie viele verschiedene Zieleinläufe dieser drei Läuferinnen sind möglich?

(A) nur einer (B) zwei (C) drei (D) vier (E) fünf

D/CH-7/8 (19) 2016

A 3.31 Eine zweiziffrige Zahl mit den Ziffern x und y kann in der Form $\overline{xy}$ geschrieben werden. Es seien a, b und c verschiedene Ziffern. Auf wie viele Arten kann man die Ziffern a, b, c auswählen, sodass $\overline{ab} < \overline{bc} < \overline{ca}$ gilt?

(A) 84 (B) 95 (C) 125 (D) 201 (E) 502

A-Junior (26) 2015

A 3.32 Auf der Klassenfahrt wollten Adele, Justina und Mateja im Bus Musik von ihrer Lieblingsband hören. Doch nur Mateja hatte an Kopfhörer gedacht. Also saßen die drei Mädchen eng zusammen, immer zwei von ihnen mit einem der beiden Ohrstöpsel im Ohr. Nach jedem Lied wurde gewechselt. Während der Fahrt hörte Adele 18 Lieder und Justina 25. Wie viele Lieder kann Mateja höchstens gehört haben?

(A) 29 (B) 31 (C) 33 (D) 35 (E) 39

D/CH-11/13 (30) 2017

3.3 Kombinatorisches mit Figuren

Anordnungen in Ebene und Raum

A 3.33 Welche drei Tiere sind durch die beiden Fenster zu sehen, wenn das Bilderbuch zugeklappt wird?

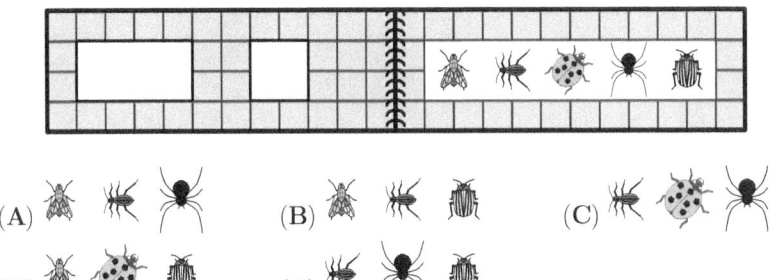

(A)  (B)  (C)

(D)  (E)

A-Ecolier (4), D/CH-3/4 (6) 2019

A 3.34 Karl hat ein Häuschen gebastelt. Rechts ist seine Vorderseite zu sehen. Auf der Rückseite sind drei Fenster und keine Tür. Eines der folgenden Bilder zeigt die Rückseite von Karls Häuschen. Welches?

(A) (B) (C) (D) (E)

A-Ecolier (8), D/CH-3/4 (10) 2017

A 3.35 Beim Abschließen der Wohnungstür merkt Monika, dass sie ihre Brille nicht auf hat. Sie durchsucht ihre Wohnung und eilt dabei durch *jede Tür genau einmal*, bevor sie schließlich ihre Brille findet. In welchem Raum lag Monikas Brille?

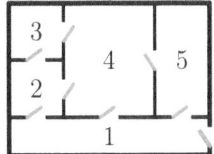

(A) Raum 1   (B) Raum 2   (C) Raum 3

(D) Raum 4   (E) Raum 5

A-Student (3), D/CH-11/13 (4) 2018

A 3.36 Aila will einen Drahtwürfel mit der Kantenlänge 10 cm bauen. Sie hat dafür biegsame Drähte der Längen 10 cm, 20 cm, 30 cm, 40 cm, 50 cm, 60 cm und 70 cm, von jeder Sorte ausreichend viele. Welches ist die kleinste Anzahl an Drähten, die Aila benötigt, wenn sich die Drähte nicht überlappen dürfen?

(A) 2   (B) 3   (C) 4   (D) 5   (E) 6

A-Benjamin (25), D/CH-7/8 (29) 2015

A 3.37 In dem abgebildeten Punktgitter aus 25 Punkten haben waagerecht und senkrecht benachbarte Punkte denselben Abstand. Wie viele unterschiedlich große Quadrate gibt es, die vier von diesen Punkten als Eckpunkte haben?

(A) 9   (B) 8   (C) 7   (D) 6   (E) 5

D/CH-9/10 (24) 2015

Farbkombinationen gesucht

A 3.38 Lore schneidet aus kariertem Papier ein Quadrat aus. Ein Kästchen malt sie rot. Dieses Kästchen befindet sich in der 4. Reihe von unten, in der 5. Reihe von oben und in der 6. Spalte von links. In der wievielten Spalte von rechts befindet sich das rote Kästchen?

(A) in der 2.   (B) in der 3.   (C) in der 4.   (D) in der 5.   (E) in der 6.

D/CH-3/4 (22) 2017

A 3.39 Jede der neun Strecken in der rechts gezeichneten Figur soll blau, rot oder grün sein. Jedes Dreieck soll dabei eine blaue, eine rote und eine grüne Seite haben. Drei Strecken sind bereits gefärbt. Welche Farbe muss die Strecke mit dem Fragezeichen bekommen?

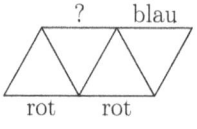

(A) blau   (B) rot
(C) grün   (D) Alle Farben sind möglich.
(E) Eine solche Färbung der Figur gibt es nicht.

A-Benjamin (17), D/CH-5/6 (12) 2015

3.3 Kombinatorisches mit Figuren 57

A 3.40 Mit drei grünen, drei roten und drei blauen Plättchen soll das große Dreieck rechts ausgelegt werden. Vier Plättchen liegen schon. Gleichfarbige Plättchen dürfen nicht mit einer Seite zusammenstoßen. Was ist richtig, wenn das große Dreieck fertig ist?

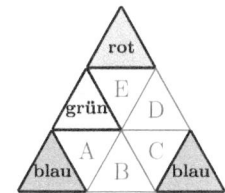

(A) B und D sind beide rot (B) B ist grün und D ist rot
(C) B ist blau und C ist rot (D) A ist rot und C ist grün
(E) B und D sind beide grün

D/CH-3/4 (23) 2019

A 3.41 Yves malt die Kreise im Bild entweder rot, gelb oder blau aus. Kreise, die direkt miteinander verbunden sind, sollen stets verschiedene Farben haben. Welche zwei Kreise muss Yves sicher mit derselben Farbe ausmalen?

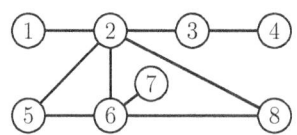

(A) 5 und 8   (B) 1 und 6   (C) 2 und 7
(D) 4 und 5   (E) 3 und 6

A-Kadett (26), D/CH-7/8 (23) 2019

A 3.42 Wie viele verschiedene Farben werden benötigt, wenn jedes Kästchen des 3 × 3-Feldes so mit einer Farbe gefärbt werden soll, dass in jeder Zeile, jeder Spalte und bei jeder der beiden Diagonalen jeweils drei verschiedene Farben vorkommen?

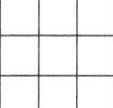

(A) 3   (B) 4   (C) 5   (D) 6   (E) 7

A-Junior (17), D/CH-9/10 (14) 2016

Bunte Puzzelei

A 3.43 Lutz hat vier gleiche Teile. Welche der fünf Figuren kann er damit *nicht* legen?

 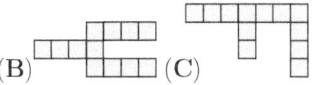 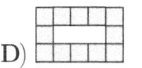 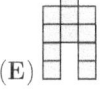

(A)   (B)   (C)   (D)   (E)

A-Benjamin (3), D/CH-5/6 (7) 2017

A 3.44 Welches der Teile passt so in die Mitte der Puzzleblume, dass schwarze Linien mit schwarzen, graue Linien mit grauen und weiße Linien mit weißen verbunden sind?

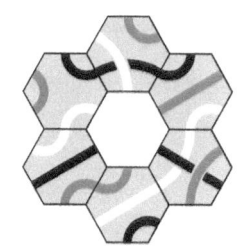

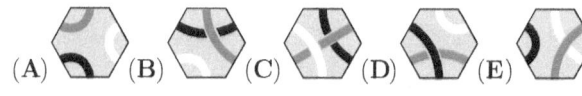

A-Ecolier (12), D/CH-3/4 (8) 2016

A 3.45 Rafael hat Quadrate und Trapeze 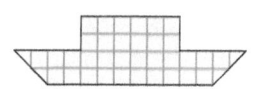 aus kariertem Papier ausgeschnitten und dann aus den Teilen ein Boot gepuzzelt. Wie viele Teile hat er dazu gebraucht?

(A) 5 (B) 6 (C) 7 (D) 8 (E) 9

A-Ecolier (11), D/CH-3/4 (9) 2018

A 3.46 Aus welchen der fünf Teile lässt sich ein Quadrat puzzeln?

(A) 1, 2, 3 (B) 2, 3, 4 (C) 1, 2, 5
(D) 2, 4, 5 (E) 3, 4, 5

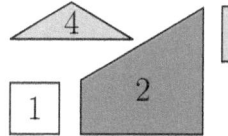

D/CH-3/4 (16) 2016

A 3.47 Chaina hat zwei gleich große Quadrate aus Papier ausgeschnitten und auf unterschiedliche Weise übereinandergelegt. Welche der folgenden Figuren kann dabei nicht entstanden sein?

   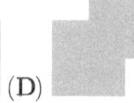 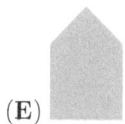

(A)　　　(B)　　　(C)　　　(D)　　　(E)

A-Benjamin (10), D/CH-5/6 (9) 2016

3.3 Kombinatorisches mit Figuren 59

A 3.48 Mein Großvater heftet jede Ansichtskarte, die er bekommt, mit starken Magneten an seinen Kühlschrank. Die Karten würden auch so hängen bleiben, wenn er einige Magnete wegnehmen würde. Wie viele der acht Magnete könnte er *höchstens* wegnehmen?

(A) 2   (B) 3   (C) 4   (D) 5   (E) 6

A-Benjamin (4), D/CH-5/6 (8) 2016

A 3.49 Auf dem Tisch liegen drei Fäden wie im Bild rechts. Drei weitere Fäden sollen so mit diesen verknotet werden, dass ein geschlossener Faden aus allen sechs Fäden entsteht. Mit welcher der abgebildeten fünf Anordnungen der drei zusätzlichen Fäden funktioniert das?

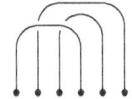

(A)    (B)   (C)    (D)    (E)

A-Ecolier (21), D/CH-3/4 (19) 2015

A 3.50 Aus den beiden rechts abgebildeten Teilen kann ein 4×4-Quadrat gelegt werden. Dafür gibt es verschiedene Möglichkeiten. Welches Muster kann *nicht* entstehen?

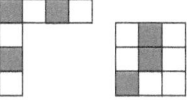

(A) 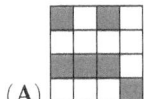   (B) 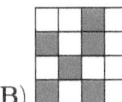   (C) 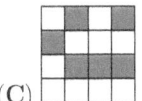   (D) 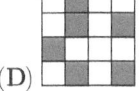   (E)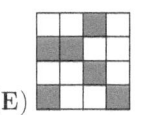

A-Kadett (13), D/CH-7/8 (13) 2019

3.4 Wahrscheinlichkeit

A 3.51 Auf den Seiten von Kiras Glückswürfel sind jeweils 1, 2 oder 3 Punkte. Die Wahrscheinlichkeit, damit eine 1 zu würfeln, beträgt $\frac{1}{2}$, eine 2 zu würfeln, beträgt $\frac{1}{3}$ und eine 3 zu würfeln, beträgt $\frac{1}{6}$. Nur einer der folgenden Würfel könnte Kiras Glückswürfel sein. Welcher?

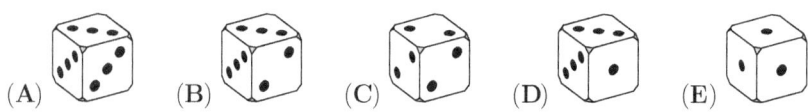

(A) (B) (C) (D) (E)

A-Student (9), D/CH-11/13 (5) 2019

A 3.52 Eine Kreisfläche wird in zwei Teile zerlegt, deren Flächeninhalte sich wie 2 : 7 verhalten. Wie groß ist die Wahrscheinlichkeit, dass ein zufällig gewählter Punkt der Kreisfläche zum größeren der beiden Teile gehört?

(A) $\frac{7}{9}$ (B) $\frac{5}{6}$ (C) $\frac{3}{5}$ (D) $\frac{5}{9}$ (E) $\frac{4}{7}$

D/CH-11/13 (6) 2018

A 3.53 Annika würfelt einmal mit einem Würfel, der mit den sechs Zahlen 1, -2, 3, -4, 5, -6 beschriftet ist. Wie groß ist die Wahrscheinlichkeit, dass die gewürfelte Zahl kleiner als 3 ist?

(A) $\frac{1}{6}$ (B) $\frac{1}{3}$ (C) $\frac{1}{2}$ (D) $\frac{2}{3}$ (E) $\frac{5}{6}$

D/CH-11/13 (4) 2016

A 3.54 Clementine möchte – ohne reinzuschauen – einen Ball aus einer der folgenden fünf Kisten nehmen. Auf jeder Kiste steht, wie viele rote und blaue Bälle darin enthalten sind. Bei welcher Kiste ist die Wahrscheinlichkeit am größten, dass Clementine einen blauen Ball herausnimmt?

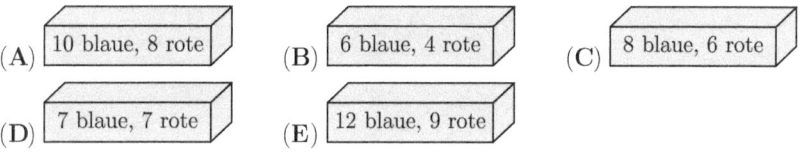

(A) 10 blaue, 8 rote (B) 6 blaue, 4 rote (C) 8 blaue, 6 rote

(D) 7 blaue, 7 rote (E) 12 blaue, 9 rote

A-Student (9), D/CH-11/13 (8) 2017

A 3.55 Rechts ist mein Entscheidungswürfel in drei verschiedenen Positionen abgebildet. Wie groß ist die Wahrscheinlichkeit, mit diesem Würfel ein JA zu würfeln?

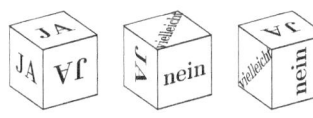

(A) $\frac{1}{3}$ (B) $\frac{1}{2}$ (C) $\frac{5}{9}$ (D) $\frac{2}{3}$ (E) $\frac{5}{6}$

A-Junior (11), D/CH-9/10 (14) 2015

A 3.56 Lisa hat einen Würfel, der mit den Zahlen -3, -2, -1, 0, 1 und 2 beschriftet ist. Der Würfel ist fair, das heißt, alle Zahlen werden mit derselben Wahrscheinlichkeit gewürfelt. Lisa würfelt damit zweimal.
Wie groß ist die Wahrscheinlichkeit, dass das Produkt der beiden gewürfelten Zahlen negativ ist?

(A) $\frac{1}{2}$ (B) $\frac{1}{6}$ (C) $\frac{1}{4}$ (D) $\frac{13}{36}$ (E) $\frac{1}{3}$

A-Junior (22), D/CH-9/10 (20) 2017

A 3.57 Es wurden sechs Gewichtsstücke mit den Massen 101 g, 102 g, 103 g, 104 g, 105 g und 106 g zufällig zu je drei auf die Teller einer Waage verteilt. Wie groß ist dann die Wahrscheinlichkeit, dass sich das schwerste der sechs Gewichtsstücke auf dem Teller befindet, der die insgesamt größere Masse trägt?

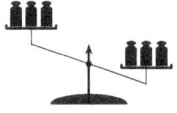

(A) 40 % (B) 60 % (C) 80 % (D) 90 % (E) 100 %

A-Junior (29), D/CH-9/10 (25) 2017

A 3.58 Diego hat einen Spielwürfel mit den Augenzahlen 1, 2, 3, 4, 5, 6. Philipps „Spezialwürfel" trägt die Augenzahlen 2, 2, 2, 5, 5, 5. Jeder der beiden würfelt mit seinem Würfel. Wer die höhere Augenzahl würfelt, gewinnt, und bei gleicher Augenzahl gewinnt keiner von beiden. Wie groß ist die Wahrscheinlichkeit, dass Philipp gewinnt?

(A) $\frac{1}{3}$ (B) $\frac{7}{18}$ (C) $\frac{5}{12}$ (D) $\frac{1}{2}$ (E) $\frac{11}{18}$

A-Student (21), D/CH-11/13 (21) 2015

A 3.59 Anna hat fünf Schachteln, sowie fünf schwarze Kugeln und fünf weiße Kugeln. Sie darf entscheiden, wie sie die Kugeln auf die Schachteln verteilt, solange sie in jede Schachtel mindestens eine Kugel legt. Beate wählt zufällig eine Schachtel und zieht daraus blind eine Kugel. Beate gewinnt, wenn sie eine weiße Kugel zieht. Andernfalls gewinnt Anna. Wie soll Anna die Kugeln verteilen, um die höchste Gewinnwahrscheinlichkeit zu erreichen?

(A) Anna gibt in jede Schachtel je eine weiße und eine schwarze Kugel.

(B) Anna verteilt die schwarzen Kugeln auf drei Schachteln
und die weißen Kugeln auf die restlichen zwei Schachteln.

(C) Anna verteilt die schwarzen Kugeln auf vier Schachteln
und legt alle weißen Kugeln in die verbliebene Schachtel.

(D) Anna legt alle weißen Kugeln in dieselbe Schachtel
und legt dann je eine schwarze Kugel in jede der restlichen Schachteln.

(E) Anna legt alle schwarzen Kugeln in dieselbe Schachtel
und legt dann je eine weiße Kugel in jede der restlichen Schachteln.

A-Student (26) 2017

A 3.60 Im Zylinder eines Zauberers verstecken sich fünf kleine Kaninchen: ein schwarzes, ein bräunliches, ein geschecktes, ein graues und ein weißes. Mit verbundenen Augen zieht der Zauberer zwei Kaninchen aus dem Zylinder. Wie groß ist die Wahrscheinlichkeit, dass das weiße Kaninchen dabei ist?

(A) 25 %   (B) 30 %   (C) 40 %   (D) 45 %   (E) 50 %

D/CH-9/10 (27) 2018

A 3.61 Bei einem Jagdhund-Wettbewerb für Langhaardackel und Rauhaardackel treten 40 % mehr Langhaardackel als Rauhaardackel an. Die zwei Dackel für die erste Prüfung werden jetzt ausgelost. Die Wahrscheinlichkeit dafür, dass ein Langhaardackel gegen einen Rauhaardackel antritt, beträgt 50 %. Wie viele Dackel nehmen insgesamt am Wettbewerb teil?

(A) 24   (B) 30   (C) 36   (D) 38   (E) 48

A-Student (29), D/CH-11/13 (29) 2018

4 Geometrie

Die Vielzahl von Beispielen, die ihren Ursprung ganz unmittelbar im täglichen Umfeld haben, machen die Geometrie zu einem besonders ansprechenden Gebiet. Umgekehrt hilft uns Verständnis davon, wie Dinge geformt sind und wie sie zueinander in Beziehung stehen, um uns in unserer Umwelt zu orientieren. Nicht zuletzt gehört das Berechnen von Längen, Winkeln, Flächeninhalten oder Volumina in Alltag und Beruf.

Die ersten Aufgaben dienen vorrangig der Schulung des Vorstellungsvermögens. In weiteren Aufgaben gilt es, charakteristische Eigenschaften von geometrischen Figuren gewinnbringend zu nutzen. Wer geschickt Hilfslinien oder eine schlaue Zerlegung findet, kann sich komplizierte Rechnereien ersparen. Weil es häufig auch zu einfachen Aufgaben ganz unterschiedliche Lösungswege und Herangehensweisen gibt, sind viele Problemstellungen besonders interessant.

4.1 Übungen für das Vorstellungsvermögen

Mit Aufmerksamkeit zur Lösung

A 4.1 Die fünf Besten beim Sportfest werden ausgezeichnet. Je höher ein Kind steht, desto besser war es. Wer ist Dritter?
(**A**) Alex (**B**) Billa (**C**) Carl (**D**) Dan (**E**) Enie

A-Ecolier (1), D/CH-3/4 (2) 2019

A 4.2 Leon sieht einem 7-Punkt-Marienkäfer beim Krabbeln zu. Er zeichnet ihn fünfmal. Bei einer Zeichnung hat Leon einen Fehler gemacht. Bei welcher?

(**A**)  (**B**) 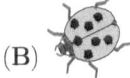 (**C**) 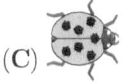 (**D**)  (**E**)

A-Ecolier (5), D/CH-3/4 (5) 2018

A 4.3 Theodor hat diesen Turm aus Scheiben gebaut. Er schaut den Turm von oben an. Wie viele Scheiben sieht er?
(**A**) 1 (**B**) 2 (**C**) 3 (**D**) 4 (**E**) 5

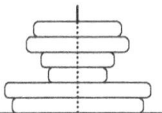

A-Felix (5) 2018

A 4.4 Pauline hat Bilder von verschiedenen Tierspuren an ihre Magnettafel geheftet.

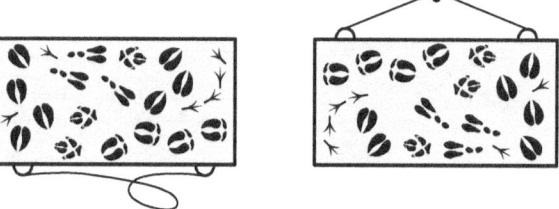

Beim Aufhängen der Tafel ist ihr ein Bild mit einer Tierspur heruntergefallen. Welches?

(A) Wildschwein   (B) Krähe   (C) Fuchs

(D) Reh   (E) Hase

A 4.5 Ein Spiegel ist zerbrochen. Wie viele der Scherben sind viereckig?

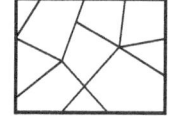

(A) 3   (B) 4   (C) 5   (D) 6   (E) 7

A 4.6 Fritz schiebt zwei durchsichtige Folien mit einigen schwarzen Feldern, eine von links, die andere von rechts, genau über die neun Bilder.

Welches der Bilder ist dann noch zu sehen?

(A)    (B)   (C)   (D)   (E)

4.1 Übungen für das Vorstellungsvermögen 65

A 4.7 Welches der fünf Bilder zeigt einen Teil der Kette rechts?

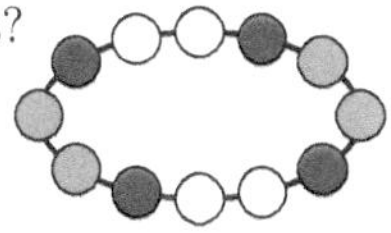

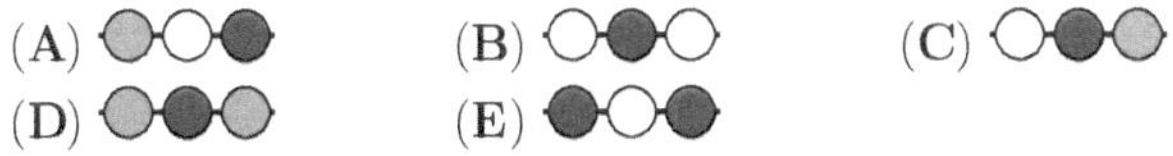

(A)   (B)   (C)
(D)   (E)

A-Felix (2) 2019

A 4.8 Isabells Perlenkette liegt ein bisschen unordentlich auf dem Tisch. Wie sieht Isabells Kette ordentlich aus?

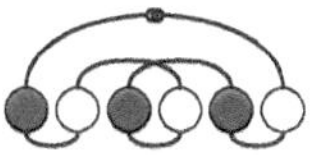

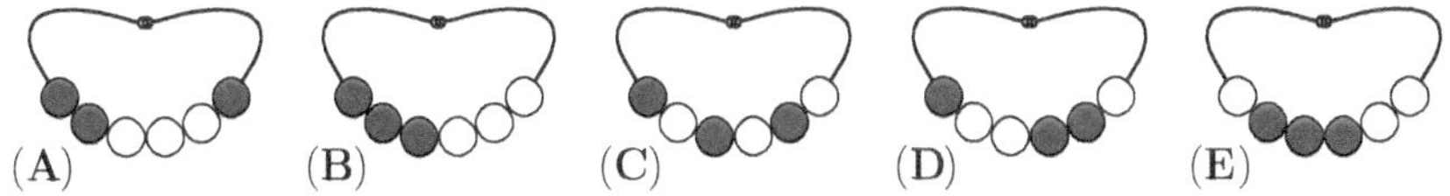

(A)   (B)   (C)   (D)   (E)

A-Ecolier (7), D/CH-3/4 (6) 2017

A 4.9 Katharina fädelt eine gemusterte Perle auf eine Schnur und schiebt sie zum anderen Ende. Was ist nun zu sehen?

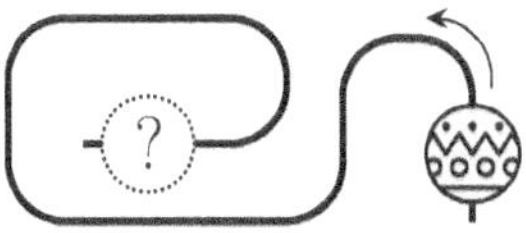

(A)   (B)   (C)   (D)   (E)

D/CH-5/6 (2) 2018

A 4.10 Peter schaut ein an der Wand hängendes Bild mit einer Lupe genauer an. Welchen Ausschnitt kann er nicht sehen?

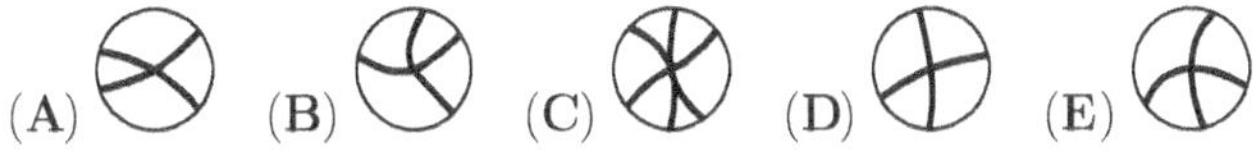

(A)   (B)   (C)   (D)   (E)

A-Benjamin (8) 2015

A 4.11 Welches Bild zeigt das Stück Zaun mit seinem Schatten?

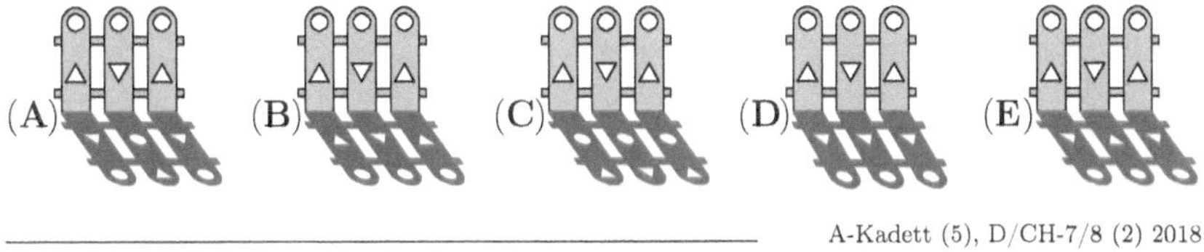

(A)   (B)   (C)   (D)   (E)

A-Kadett (5), D/CH-7/8 (2) 2018

A 4.12 Welche beiden Gewichte bewegen sich aufwärts, wenn das links unten befindliche Zahnrad in Pfeilrichtung gedreht wird?

(A)  1 und 2
(B) 3 und 4
(C) 2 und 4
(D) 1 und 4
(E) 1 und 3

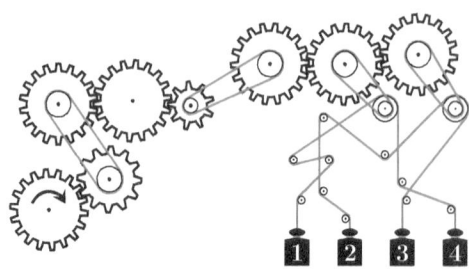

D/CH-5/6 (23) 2016

A 4.13 Die Eichhörnchen im Garten bewegen sich auf dem Boden nie weiter als 5 m von ihrem Baum weg und halten von der Hundehütte immer mindestens 5 m Abstand. In einem der folgenden fünf Bilder ist der gesamte Bereich schraffiert, in dem sich die Eichhörnchen auf dem Boden aufhalten. In welchem?

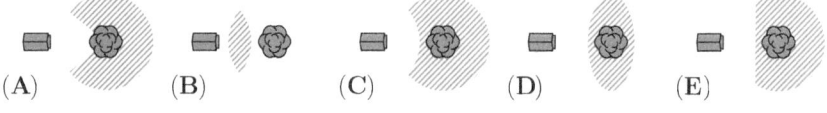

(A)   (B)   (C)   (D)   (E)

A-Kadett (8), D/CH-7/8 (10) 2015

A 4.14 Welches der folgenden Bilder zeigt die Kurve, die der Mittelpunkt des Rades beschreibt, wenn das Rad über die Zick-Zack-Piste rollt?

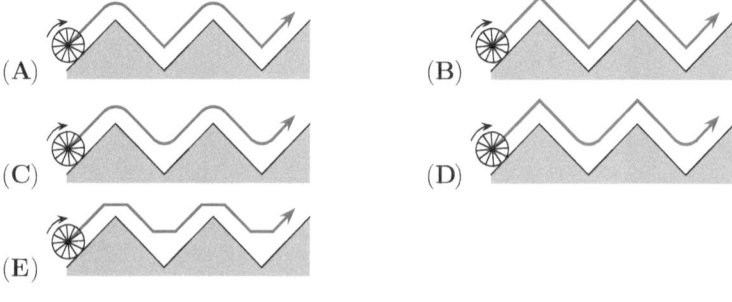

(A)   (B)
(C)   (D)
(E)

A-Junior (5), D/CH-9/10 (5) 2017

4.1 Übungen für das Vorstellungsvermögen 67

Drehungen, Spiegelungen, Symmetrie

A 4.15 Zum Geburtstag hat Josefine einen Regenschirm bekommen. Obendrauf steht ihr Name. Welches Bild zeigt Josefines Regenschirm?

 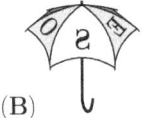 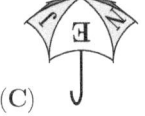 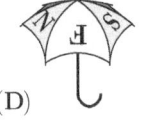 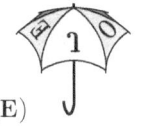
(A) (B) (C) (D) (E)

A-Kadett (1), D/CH-7/8 (2) 2015

A 4.16 Heute trägt Klara Zöpfe und eine Kette (Bild rechts). Was sieht Klara, wenn sie in den Spiegel guckt?

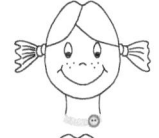

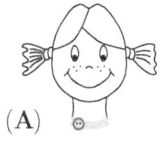 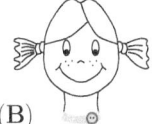 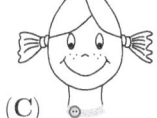 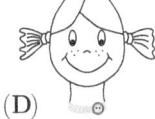 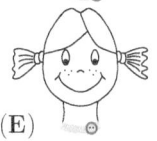
(A) (B) (C) (D) (E)

A-Ecolier (4), D/CH-3/4 (4) 2016

A 4.17 Welches der fünf Verkehrszeichen hat die meisten Symmetrieachsen?

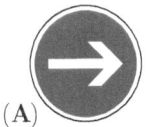  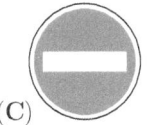  
(A) (B) (C) (D) (E)

A-Benjamin (1), D/CH-5/6 (2) 2016

A 4.18 Welches der fünf Verkehrszeichen hat die meisten Symmetrieachsen?

 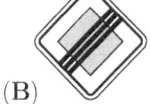 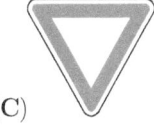  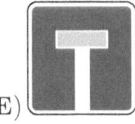
(A) (B) (C) (D) (E)

A-Kadett (2), D/CH-7/8 (2) 2016

A 4.19 Die Karte rechts hat eine graue Rückseite. Sie wird zuerst nach unten und danach nach rechts umgeklappt. Was ist jetzt zu sehen?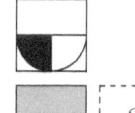

(A) 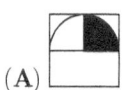 (B)  (C) 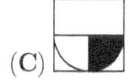 (D)  (E)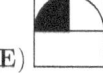

A-Ecolier (17), D/CH-3/4 (18) 2016

A 4.20 Eine 6-eckige bemalte durchsichtige Folie wird wie im Bild erst einmal und dann noch zweimal umgeklappt. Was ist nach dem letzten Umklappen zu sehen?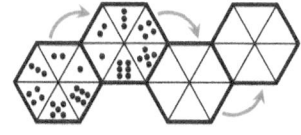

(A)  (B)  (C) 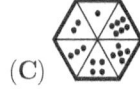 (D)  (E)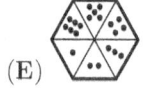

A-Ecolier (22), D/CH-3/4 (20) 2018

A 4.21 Der Ruderclub **AHOI** hat über dem Eingang mit großen Buchstaben von oben nach unten seinen Namen *von beiden Seiten lesbar* angebracht. Nebenan öffnet bald ein Tierhotel, das seinen Namen ebenso *von beiden Seiten lesbar* anbringen möchte. Welcher Name ist für das Tierhotel *nicht* geeignet?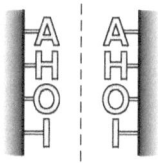

(A) WAU (B) UHU (C) QUAK
(D) MIAU (E) MUH

A-Kadett (2), D/CH-7/8 (6) 2018

A 4.22 Während der Frisör meine Haare schneidet, soll der Lehrling

HAARANALYSE

so an die Wand hinter mir schreiben, dass ich es vor mir im Spiegel richtig lesen kann. Was muss er schreiben?

(A) HAAЯAИAᒪYƧE (B) ESYJANARAAH (C) HAAЯANAJYƧE
(D) ƧSYLANARAAH (E) ƧSYJANARAAH

A-Junior (3), D/CH-9/10 (2) 2019

4.1 Übungen für das Vorstellungsvermögen

A 4.23 Als Benjamin früh in die Küche kommt, kichert seine kleine Schwester, denn er hat sein T-Shirt linksherum an, mit den Nähten nach außen. Eigentlich sollte BENJAMIN zu lesen sein. Wie sieht die durchschimmernde Schrift aus?

(A) BENLAMIN (B) NIMALNEB (C) BENJAMIN

(D) NIMAГNEB (E) NIMAГNEB

D/CH-5/6 (13) 2018

A 4.24 Der königliche Fliesenleger hat eine Nische des neuen Bades im Palast mit weißen und silbergrauen Fliesen ausgelegt. „Wie unordentlich!", ruft die launische Königin und befiehlt: „Lege die Fliesen so um, dass das Muster von allen vier Seiten gleich aussieht." Wie viele silbergraue Fliesen muss der Fliesenleger *mindestens* umlegen?

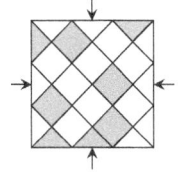

(A) 3 dreieckige und 1 quadratische (B) 1 dreieckige und 3 quadratische

(C) 1 dreieckige und 2 quadratische (D) 2 dreieckige und 2 quadratische

(E) 1 dreieckige und 1 quadratische

A-Benjamin (20), D/CH-5/6 (21) 2017

Faltübungen

A 4.25 Aus dem gefalteten Papier 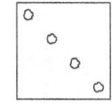 schneidet Lin ein Stück heraus: Was sieht sie nach dem Auseinanderfalten?

(A)  (B)  (C) 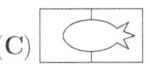 (D) 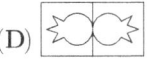 (E)

A-Ecolier (6), D/CH-3/4 (6) 2018

A 4.26 Marla hat ein Stück Papier gefaltet und ein Loch in das gefaltete Papier gestochen. Nach dem Auseinanderfalten ist das rechts abgebildete Muster zu sehen. Wie könnte Marla das Papier vorher gefaltet haben?

(A) 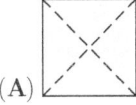 (B) 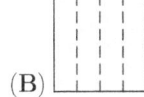 (C) 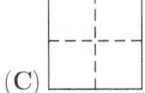 (D) 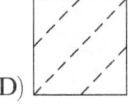 (E)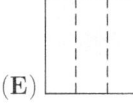

A-Benjamin (8), D/CH-5/6 (12) 2017

A 4.27 Fynn faltet das abgebildete Stück Papier entlang der Faltlinien und stanzt danach ein Loch in das Papier. Welche vier Löcher könnten zu sehen sein, wenn Fynn das Papier auseinanderfaltet?

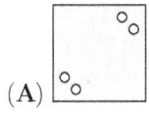 (A) 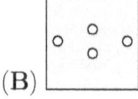 (B) 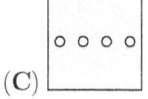 (C) 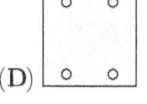 (D) 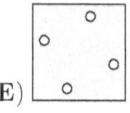 (E)

A-Kadett (6), D/CH-7/8 (7) 2017

A 4.28 Constantin faltet ein quadratisches Stück Papier zweimal. Dann schneidet er es zweimal, so wie in der Abbildung. Wie viele Papierstücke erhält er?

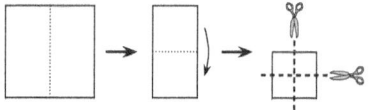

(A) 9 (B) 10 (C) 12 (D) 15 (E) 16

A-Benjamin (15), D/CH-5/6 (17) 2019

A 4.29 Ein quadratisches Stück Papier wird wie abgebildet zweimal gefaltet und anschließend zweimal genau in der Mitte zerschnitten. Wie viele der dabei entstehenden Teile sind Quadrate?

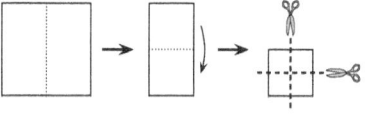

(A) 4 (B) 5 (C) 6 (D) 8 (E) 9

A-Kadett (16), D/CH-7/8 (15) 2019

A 4.30 Lara faltet ein kreisrundes Stück Papier. Danach schneidet sie entlang der markierten Linie eine Ecke ab:

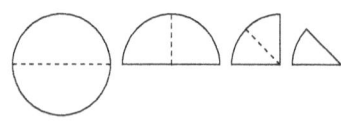

Was erhält Lara, wenn sie das Papier auseinanderfaltet?

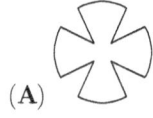 (A)  (B)  (C) 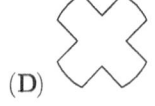 (D) 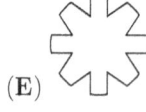 (E)

D/CH-5/6 (17) 2016

A 4.31 Ein quadratisches Blatt Papier wird entlang der gestrichelten Linien gefaltet, die Reihenfolge spielt keine Rolle. Dem entstandenen Quadrat wird eine seiner Ecken abgeschnitten. Wie viele Löcher hat das Papier, wenn es wieder auseinandergefaltet wird?

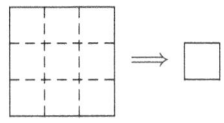

(**A**) 0 (**B**) 1 (**C**) 4 (**D**) 9
(**E**) Es hängt davon ab, welche Ecke abgeschnitten wird.

A-Student (10), D/CH-11/13 (11) 2015

In drei Dimensionen

A 4.32 Im Schullandheim teilen sich Bea, Pia, Cara und Lea ein Zimmer. Alle vier schlafen mit dem Kopf auf ihrem Kissen. Links schlafen Bea und Pia mit dem Gesicht zueinander. Rechts schlafen Cara und Lea mit dem Rücken zueinander. Wie viele schlafen mit dem rechten Ohr auf dem Kissen?

(**A**) keine (**B**) eine (**C**) zwei (**D**) drei (**E**) alle vier

A-Benjamin (8), D/CH-5/6 (5) 2016

A 4.33 Charles schneidet ein Seil in drei gleich lange Teile. Dann macht er in einen der drei Teile einen Knoten, in den nächsten zwei Knoten und in den dritten Teil drei Knoten. Anschließend legt er die drei Teile in unterschiedlicher Reihenfolge hin. Welches Bild sieht er?

(**A**)  (**B**)  (**C**)  (**D**)  (**E**)

A-Felix (9) 2018

A 4.34 Manuel hat aus sechs Stoffstreifen das rechts abgebildete Muster geflochten. Seine Großmutter schaut das Muster von der Rückseite an. Was sieht sie?

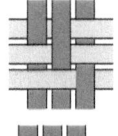

(**A**) 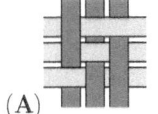 (**B**) 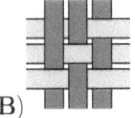 (**C**) 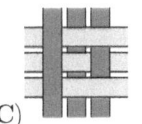 (**D**) 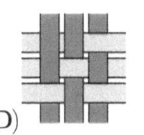 (**E**)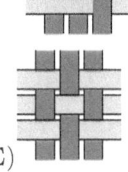

A-Ecolier (20), D/CH-3/4 (15) 2019

A 4.35 Pia spielt mit einem Zollstock, der aus zehn gleich langen Teilen besteht. Eine der folgenden fünf Figuren kann sie damit *nicht* bilden. Welche?

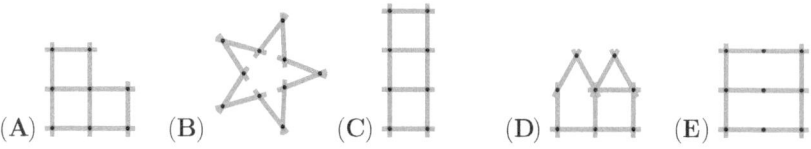

A-Benjamin (11), D/CH-5/6 (12) 2019

A 4.36 In welchem der folgenden Bilder sind die drei Ringe auf dieselbe Weise miteinander verbunden wie im Bild rechts?

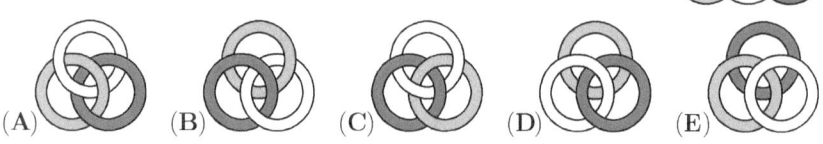

A-Kadett (4), D/CH-7/8 (8) 2019

A 4.37 Ran hat ihre Trommel für ein Festival mit sechs breiten Streifen beklebt. Vier der folgenden Bilder zeigen Rans Trommel. Welches Bild zeigt eine andere Trommel?

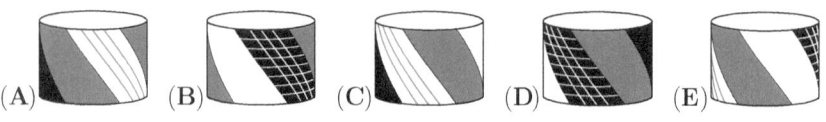

D/CH-11/13 (11) 2016

A 4.38 Finja hat den rechts abgebildeten Körper aus sechs kleinen Würfeln zusammengeklebt und betrachtet ihn aus verschiedenen Richtungen. Was sieht Finja dabei *ganz sicher nicht*?

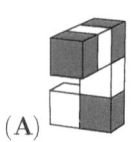 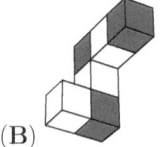 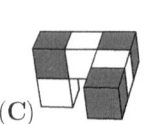 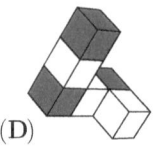 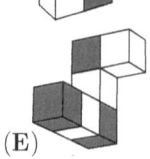

(A) (B) (C) (D) (E)

A-Kadett (15), D/CH-7/8 (12) 2016

A 4.39 Für eine Ausstellung verlegt Herr Simmering Kabel für die Beleuchtung der Vitrinen. In einer quaderförmigen Vitrine hängt ein Kabelrest. Rechts ist die Ansicht der Vitrine von links und von vorn skizziert. Welches ist die Ansicht der Vitrine von oben?

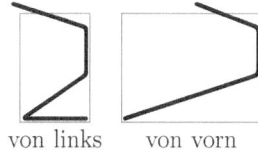

von links   von vorn

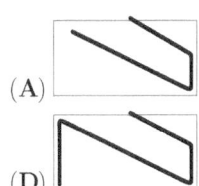

(A)   (B)   (C)

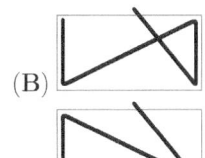

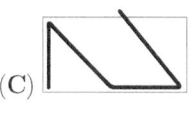

(D)   (E)

D/CH-7/8 (21) 2017

A 4.40 Durch einen Würfel wurden parallel zu seinen Kanten drei Tunnel so gestoßen, dass in der Mitte jeder Würfelseite ein quadratisches Loch zu sehen ist (s. Abb. rechts). Die Breite der Tunnel beträgt jeweils ein Drittel der Kantenlänge des Würfels. Wird dieser Würfel mit einer Ebene geschnitten, die senkrecht zu einer Raumdiagonalen durch den Mittelpunkt des Würfels verläuft, so entsteht eine sechseckige Schnittfläche mit einem Loch. Wie sieht diese Schnittfläche aus?

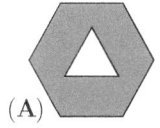 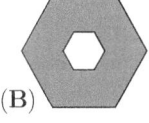 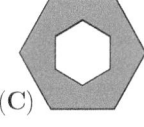  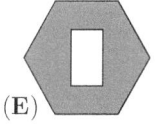

(A)   (B)   (C)   (D)   (E)

A-Junior (27), D/CH-9/10 (30) 2018

4.2 Einfache Figuren in der Ebene

Punkte und Strecken

A 4.41 Mathilda hat fünf Schrauben in ein Stück Holz hineingedreht. Davon sind vier Schrauben gleich lang. Eine ist kürzer. Welche?

(A) 1   (B) 2   (C) 3   (D) 4   (E) 5

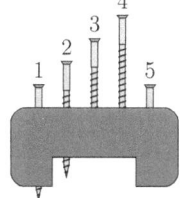

A-Ecolier (3), D/CH-3/4 (4) 2018

A 4.42 Hanna hat zehn gleiche Leisten mit je zehn Löchern. Sie schraubt immer zwei Leisten zu einer Schiene zusammen. Welche Schiene ist am längsten?

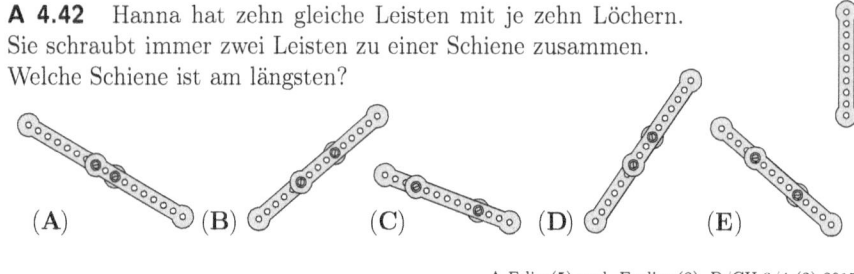

A-Felix (5) und -Ecolier (2), D/CH-3/4 (2) 2015

A 4.43 Von einem Schreibblock hat Dunja zwei 21 cm lange Papierstreifen abgeschnitten. Sie legt die beiden Streifen auf einer Länge von 6 cm übereinander und verklebt sie dort zu einem langen Streifen.

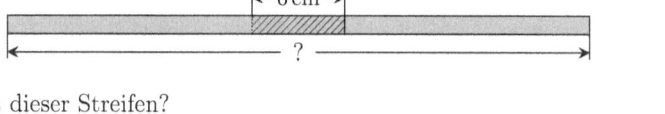

Wie lang ist dieser Streifen?

(A) 30 cm   (B) 32 cm   (C) 33 cm   (D) 34 cm   (E) 36 cm

A-Benjamin (10), D/CH-5/6 (7) 2015

A 4.44 Von der Dachrinnenkante verkünden eine Amsel, eine Drossel, ein Fink und ein Star den Frühling. Amsel und Drossel sitzen 1 m voneinander entfernt, Drossel und Fink 2 m, Fink und Star 3 m, Star und Amsel 4 m. Welche Vögel sitzen am weitesten auseinander?

(A) Star und Amsel   (B) Drossel und Star   (C) Drossel und Fink
(D) Amsel und Fink   (E) Fink und Star

D/CH-5/6 (22) 2016

A 4.45 Auf einer Geraden sind vier Punkte markiert. Die Abstände zwischen je zwei dieser vier Punkte sind (in cm gemessen) der Größe nach geordnet: 2, 3, n, 11, 12, 14. Für welche Zahl steht n?

(A) 5   (B) 6   (C) 7   (D) 8   (E) 9

D/CH-5/6 (24) 2015

Umfangsberechnungen

A 4.46 Elias zeichnet ein Dreieck mit den Seitenlängen 6 cm, 10 cm und 11 cm und ein gleichseitiges Dreieck, das denselben Umfang wie das erste Dreieck hat. Welche Seitenlänge hat das gleichseitige Dreieck?

(**A**) 10 cm   (**B**) 9 cm   (**C**) 8 cm   (**D**) 7 cm   (**E**) 6 cm

A-Kadett (10), D/CH-7/8 (7) 2015

A 4.47 Die Figur besteht aus einem Quadrat und einem Dreieck mit drei gleich langen Seiten. Das Quadrat hat einen Umfang von 36 cm. Welchen Umfang hat das Dreieck?

(**A**) 24 cm   (**B**) 25 cm   (**C**) 27 cm   (**D**) 28 cm   (**E**) 30 cm

A-Benjamin (5), D/CH-5/6 (14) 2018

A 4.48 Lotte hat an der Tafel sechs quadratische Magnete so wie im Bild zusammengeschoben. Jeder Magnet hat eine Seitenlänge von 2 cm. Mit Kreide zieht Lotte säuberlich den Rand der Figur nach. Wie lang ist dieser Rand?

(**A**) 20 cm   (**B**) 21 cm   (**C**) 23 cm   (**D**) 24 cm   (**E**) 28 cm

A-Benjamin (11), D/CH-5/6 (15) 2015

A 4.49 Ein großes Quadrat wurde in vier identische Rechtecke und ein kleines Quadrat zerlegt. Jedes der Rechtecke hat einen Umfang von 16 cm. Welchen Umfang hat das große Quadrat?

(**A**) 20 cm   (**B**) 24 cm   (**C**) 25 cm   (**D**) 28 cm   (**E**) 32 cm

A-Kadett (11), D/CH-7/8 (15) 2016

A 4.50 Die vier grauen Rechtecke sind zueinander kongruent. Sie umschließen ein Quadrat mit dem Flächeninhalt 4 cm². Auch der äußere Rand der Figur ist ein Quadrat. Sein Flächeninhalt beträgt 64 cm². Wie groß ist der Umfang eines grauen Rechtecks?

(**A**) 8 cm   (**B**) 11 cm   (**C**) 14 cm   (**D**) 16 cm   (**E**) 19 cm

D/CH-9/10 (9) 2016

Winkelbestimmungen

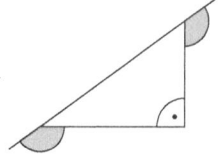

A 4.51 Wie groß ist die Summe der beiden grau markierten Winkel rechts im Bild?

(**A**) 210° (**B**) 240° (**C**) 270° (**D**) 320° (**E**) 330°

A-Kadett (3), D/CH-7/8 (7) 2016

A 4.52 Ein Quadrat ist wie in der Abbildung in neun gleich große Quadrate geteilt. Welche der folgenden Gleichungen gilt für die Winkel α und β ?

(**A**) $\alpha + \beta = 45°$ (**B**) $2\beta + \alpha = 90°$ (**C**) $\alpha + \beta = 60°$
(**D**) $2\alpha + \beta = 90°$ (**E**) $\alpha = \beta$

A-Junior (8), D/CH-9/10 (8) 2019

A 4.53 Über der Diagonale $\overline{AC}$ eines Quadrats $ABCD$ wurde das gleichseitige Dreieck ACE so errichtet, dass sich der Punkt D im Inneren dieses Dreiecks befindet. Wie groß ist der Winkel EDA?

(**A**) 30° (**B**) 72° (**C**) 135° (**D**) 144° (**E**) 150°

A-Junior (13), D/CH-9/10 (11) 2019

A 4.54 Auf einer Teststrecke fährt ein Auto eine komplette Runde. Um wie viel Grad dreht es sich dabei um die eigene Achse?

(**A**) um 360° (**B**) um 540° (**C**) um 720°
(**D**) um 900° (**E**) um 1080°

D/CH-11/13 (7) 2017

A 4.55 In einem Dreieck ABC liegt der Punkt D auf der Seite $\overline{AB}$. Die Strecken $\overline{AC}$, $\overline{AD}$ und $\overline{BC}$ sind gleich lang, und der Winkel BAC misst 20° (*Abbildung nicht maßstabsgerecht*). Wie groß ist der Winkel DCB?

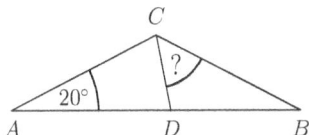

(A) 50°   (B) 60°   (C) 65°
(D) 70°   (E) 75°

A-Kadett (12), D/CH-7/8 (18) 2019

A 4.56 Im Viereck $ABCD$ sind die Seiten $\overline{AB}$ und $\overline{CD}$ zueinander parallel. Seite $\overline{AD}$ und Seite $\overline{CD}$ sind gleich lang, Seite $\overline{AB}$ ist dreimal so lang wie Seite $\overline{CD}$. Der Winkel ADC ist 120° groß (*Abbildung nicht maßstabsgerecht*). Wie groß ist der Winkel CBA?

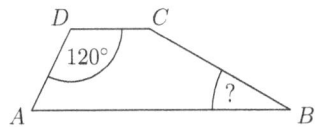

(A) 22,5°   (B) 25°   (C) 30°
(D) 37,5°   (E) 45°

A-Kadett (26), D/CH-7/8 (25) 2015

A 4.57 Im Rechteck $ABCD$ ist die Seite $\overline{BC}$ halb so lang wie die Diagonale $\overline{AC}$. Der Punkt M liegt auf $\overline{CD}$, und es gilt $|\overline{AM}| = |\overline{MC}|$. Wie groß ist der Winkel CAM?

(A) 15°   (B) 22,5°   (C) 27,5°   (D) 30°   (E) 36°

A-Student (14), D/CH-11/13 (19) 2016

A 4.58 Das Bild zeigt einen Würfel, auf dessen Oberfläche vier Strecken dick eingezeichnet sind. Wie groß ist die Summe $\alpha + \beta + \gamma + \delta$ der vier markierten Winkel?

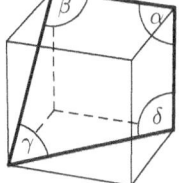

(A) 315°   (B) 330°   (C) 345°   (D) 360°   (E) 375°

A-Junior (19), D/CH-9/10 (25) 2016

Flächen vergleichen

A 4.59 Gundula zerschneidet die dick umrandete Figur rechts in kleine Dreiecke . Wie viele kleine Dreiecke erhält sie?

(A) 8 (B) 12 (C) 13 (D) 15 (E) 16

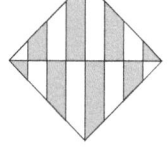

A-Ecolier (17), D/CH-3/4 (10) 2015

A 4.60 Bei wie vielen Figuren ist der gestreifte Teil der Fläche genauso groß wie der weiße Teil?

  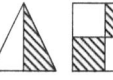 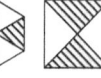

(A) 0 (B) 3 (C) 4 (D) 5 (E) 6

A-Benjamin (1), D/CH-5/6 (2) 2015

A 4.61 Die Streifen in dem rechts abgebildeten Quadrat sind alle gleich breit. Welcher Teil der Quadratfläche ist grau?

(A) die Hälfte (B) ein Drittel (C) zwei Drittel
(D) drei Viertel (E) zwei Fünftel

A-Kadett (1), D/CH-7/8 (3) 2017

A 4.62 Antonia hat wie abgebildet zwei dunkle und zwei helle Papierherzen mit Flächeninhalten von $16\,\text{cm}^2$, $9\,\text{cm}^2$, $4\,\text{cm}^2$ und $1\,\text{cm}^2$ abwechselnd übereinander gelegt. Welchen Flächeninhalt hat die sichtbare dunkle Fläche?

(A) $9\,\text{cm}^2$ (B) $10\,\text{cm}^2$ (C) $11\,\text{cm}^2$ (D) $12\,\text{cm}^2$ (E) $13\,\text{cm}^2$

A-Kadett (8), D/CH-7/8 (8) 2017

A 4.63 Bei welchem der rechts abgebildeten vier Quadrate ist der Anteil der grauen Fläche am größten?

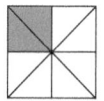 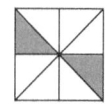 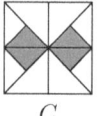 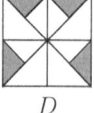

A   B   C   D

(A) bei A (B) bei B (C) bei C
(D) bei D (E) Der Anteil ist überall derselbe.

A-Benjamin (11), D/CH-5/6 (12) 2018

4.2 Einfache Figuren in der Ebene 79

A 4.64 Ein Quadrat ist auf fünf unterschiedliche Weisen in kleinere, jeweils gleich große Quadrate geteilt. Bei welcher Unterteilung ist der schwarze Teil der Fläche am größten?

(A) 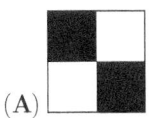 (B) 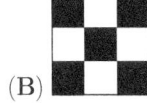 (C) 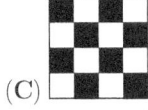 (D) 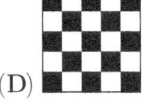 (E)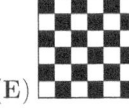

A-Benjamin (12), D/CH-5/6 (13) 2019

A 4.65 Jedes der drei Quadrate in der Zeichnung rechts hat die Seitenlänge 1 cm. Das obere Quadrat liegt genau mittig über der gemeinsamen Seite der beiden unteren Quadrate. Wie groß ist der Flächeninhalt der grauen Fläche?

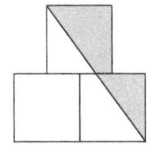

(A) $\frac{2}{3}$ cm² (B) $\frac{3}{4}$ cm² (C) 1 cm² (D) $\frac{5}{4}$ cm² (E) $\frac{4}{3}$ cm²

A-Kadett (13), D/CH-7/8 (15) 2015

A 4.66 Wenn Ingrid ihre Tischdecke glatt ausbreitet, lassen sich gut die grauen Quadrate in dem regelmäßigen Muster erkennen. Wie viel von Ingrids Tischdecke ist schwarz?

(A) 16 % (B) 24 % (C) 25 % (D) 32 % (E) 36 %

A-Kadett (25), D/CH-7/8 (24) 2017

Rechnen mit Flächeninhalten

A 4.67 Der Mittelpunkt des kleineren der beiden Quadrate ist Eckpunkt des großen Quadrats. Die sich schneidenden Seiten der beiden Quadrate sind zueinander senkrecht.
Welchen Flächeninhalt hat die dick umrandete graue Fläche?

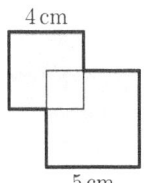

(A) 37 cm² (B) 38 cm² (C) 39 cm² (D) 40 cm² (E) 41 cm²

A-Benjamin (16), D/CH-5/6 (15) 2017

A 4.68 Samuel hat die Längen von drei der vier Seiten eines Rechtecks addiert und als Ergebnis 26 cm erhalten. Semira hat bei demselben Rechteck ebenfalls die Längen von drei der vier Seiten addiert und als Ergebnis 28 cm bekommen. Welchen Flächeninhalt hat dieses Rechteck?

(A) $27\,\text{cm}^2$ (B) $40\,\text{cm}^2$ (C) $45\,\text{cm}^2$ (D) $64\,\text{cm}^2$ (E) $80\,\text{cm}^2$

A-Kadett (19), D/CH-7/8 (14) 2015

A 4.69 Ein Quadrat $ABCD$ hat die Seitenlänge 30 cm. Auf den Seiten $\overline{AB}$ und $\overline{AD}$ liegen die Punkte P und Q so, dass die Strecken $\overline{CP}$ und $\overline{CQ}$ das Quadrat in drei Teile mit demselben Flächeninhalt zerlegen (*Abbildung nicht maßstabsgerecht*). Wie lang ist die Strecke $\overline{PB}$?

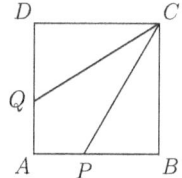

(A) 16 cm (B) 18 cm (C) 20 cm (D) 21 cm (E) 24 cm

A-Kadett (10), D/CH-7/8 (19) 2018

A 4.70 Ein Quadrat wurde auf fünf verschiedene Arten grau bemalt. In welchem Bild ist die grau bemalte Fläche am größten?

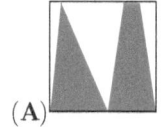 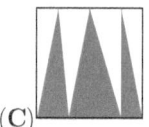 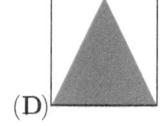 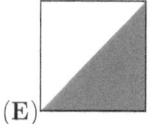

A-Junior (9), D/CH-9/10 (7) 2019

A 4.71 Um ein großes Dreieck aus Papier herzustellen, legt Valentin einige identische rechteckige Blätter wie im Bild an den Kanten dicht zusammen und zeichnet ein möglichst großes Dreieck darauf. Die untere Seite des Dreiecks ist 100 cm lang und die zugehörige Höhe beträgt 60 cm. Wie groß ist der Flächeninhalt der grauen Fläche außerhalb des Dreiecks?

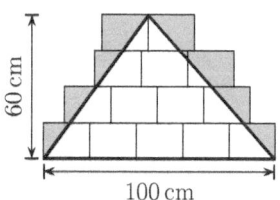

(A) $1200\,\text{cm}^2$ (B) $1400\,\text{cm}^2$ (C) $1500\,\text{cm}^2$
(D) $1600\,\text{cm}^2$ (E) $2100\,\text{cm}^2$

A-Kadett (18), D/CH-7/8 (20) 2019

4.2 Einfache Figuren in der Ebene

A 4.72 Auf zwei gegenüberliegenden Seiten eines Quadrats mit der Seitenlänge 8 cm sind zwei Strecken der Länge 2 cm markiert. Ihre Endpunkte sind wie abgebildet verbunden. Welchen Flächeninhalt hat die graue Fläche?

(A) $4\,\text{cm}^2$ (B) $8\,\text{cm}^2$ (C) $12\,\text{cm}^2$ (D) $16\,\text{cm}^2$ (E) $20\,\text{cm}^2$

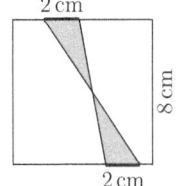

A-Kadett (18), D/CH-7/8 (16) 2017

A 4.73 Wie viel Prozent der Dreiecksfläche sind grau?

(A) $80\,\%$ (B) $84\,\%$ (C) $85\,\%$ (D) $88\,\%$ (E) $90\,\%$

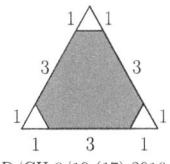

A-Junior (14), D/CH-9/10 (17) 2016

A 4.74 Im abgebildeten Quadrat $ABCD$ sind die Punkte P, Q und R die Mittelpunkte der Seiten $\overline{DA}$, $\overline{BC}$ und $\overline{CD}$. Welcher Anteil des Quadrats $ABCD$ ist schraffiert?

(A) $\dfrac{3}{8}$ (B) $\dfrac{1}{3}$ (C) $\dfrac{7}{16}$ (D) $\dfrac{1}{2}$ (E) $\dfrac{5}{12}$

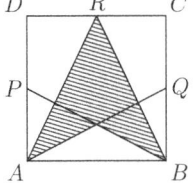

A-Kadett (29), D/CH-7/8 (27) 2019

A 4.75 In der Zeichnung rechts hat das linke Quadrat die Seitenlänge a, das rechte Quadrat die Seitenlänge b. Welchen Flächeninhalt hat das graue Dreieck?

(A) $\dfrac{ab}{2}$ (B) $\dfrac{a^2}{2}$ (C) $\dfrac{a^2+b^2}{4}$ (D) $4(b-a)^2$ (E) b^2-a^2

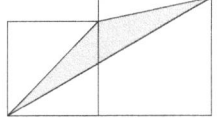

A-Student (18), D/CH-11/13 (15) 2019

A 4.76 Die Seiten $\overline{AB}$ und $\overline{CD}$ des Trapezes $ABCD$ sind zueinander parallel. $\overline{AB}$ ist 50 cm lang und $\overline{CD}$ ist 20 cm lang. Der Punkt E liegt so auf $\overline{AB}$, dass das Dreieck AED und das Viereck $EBCD$ denselben Flächeninhalt haben (*Abbildung nicht maßstabsgerecht*). Wie lang ist die Strecke $\overline{AE}$?

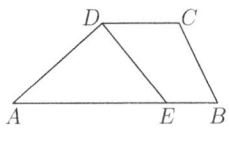

(A) 25 cm (B) 30 cm (C) 35 cm (D) 40 cm (E) 45 cm

A-Junior (11), D/CH-9/10 (12) 2017

A 4.77 Das abgebildete Quadrat hat einen Flächeninhalt von $36\,\text{cm}^2$. Die Summe der Flächeninhalte der drei grauen Flächen beträgt $27\,\text{cm}^2$ (*Abbildung nicht maßstabsgerecht*). Wie groß ist die Summe $p + q + r + s$ der Längen der vier dick gezeichneten Strecken?

(A) $4\,\text{cm}$ (B) $6\,\text{cm}$ (C) $8\,\text{cm}$ (D) $9\,\text{cm}$ (E) $10\,\text{cm}$

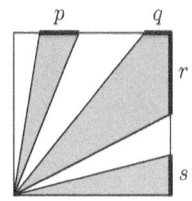

A-Kadett (21), D/CH-7/8 (24) 2016

A 4.78 Ein Quadrat ist durch eine Diagonale und vier weitere Strecken in Dreiecke zerlegt. Für einige dieser Dreiecke ist der Flächeninhalt angegeben. Der Flächeninhalt des Quadrats beträgt $30\,\text{cm}^2$ (*Abbildung nicht maßstabsgerecht*). Welcher der Diagonalenabschnitte ist am längsten?

(A) a (B) b (C) c (D) d (E) e

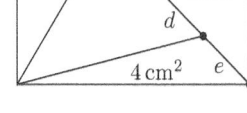

A-Kadett (23), D/CH-7/8 (27) 2015

4.3 Mit dem Satz des Pythagoras

A 4.79 Welche der fünf Strecken im rechts abgebildeten Würfel $ABCDEFGH$ ist am längsten?

(A) $\overline{CD}$ (B) $\overline{DE}$ (C) $\overline{DF}$ (D) $\overline{CH}$ (E) $\overline{DG}$

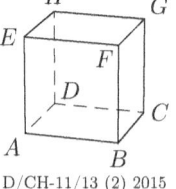

D/CH-11/13 (2) 2015

A 4.80 Die folgenden fünf Dreiecke mit ihren Seitenlängen sind so skizziert, dass es so aussieht, als wären sie alle rechtwinklig. Tatsächlich ist aber nur eines davon rechtwinklig. Welches?

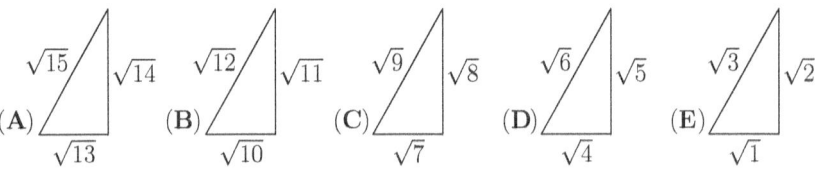

D/CH-11/13 (14) 2019

4.3 Mit dem Satz des Pythagoras

A 4.81 Über den Seiten eines rechtwinkligen Dreiecks sind Halbkreise errichtet (s. Abb.). Ihre Flächeninhalte betragen X cm², Y cm² und Z cm². Was gilt dann sicher?

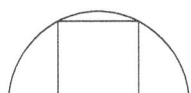

(A) $\sqrt{X} + \sqrt{Y} = Z$ (B) $\sqrt{X} + \sqrt{Y} = \sqrt{Z}$
(C) $X + Y = Z$ (D) $X + Y = Z^2$
(E) $X^2 + Y^2 = Z$

A-Student (9), D/CH-11/13 (18) 2015

A 4.82 Ein Quadrat ist in einen Halbkreis mit Radius 1 cm einbeschrieben, d. h., dass zwei Eckpunkte auf dem Halbkreis und die anderen beiden auf dem Durchmesser liegen. Welchen Flächeninhalt hat das Quadrat?

(A) $\dfrac{4}{5}$ cm²   (B) $\dfrac{\sqrt{5}}{4}$ cm²   (C) 1 cm²

(D) $\dfrac{4}{3}$ cm²   (E) $\dfrac{2}{\sqrt{3}}$ cm²

A-Junior (24), D/CH-9/10 (25) 2019

A 4.83 Im Viereck $ABCD$ mit den Seitenlängen $|AB| = 2017$, $|BC| = 2018$ und $|CD| = 2019$ schneiden sich die beiden Diagonalen im Inneren des Vierecks im rechten Winkel (*Abbildung nicht maßstabsgerecht*). Wie lang ist die Seite $\overline{AD}$?

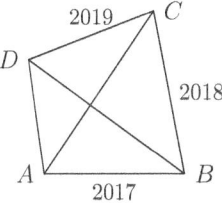

(A) 2016   (B) 2018   (C) $\sqrt{2020^2 - 4}$
(D) 2020   (E) $\sqrt{2018^2 + 2}$

A-Student (19), D/CH-11/13 (24) 2017

A 4.84 Rechts ist ein Rechteck zu sehen, dessen Eckpunkte auf den Kanten eines Würfels mit der Kantenlänge 1 liegen. Für welchen Wert von x ist das Rechteck ein Quadrat?

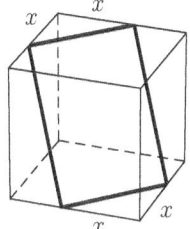

(A) $\dfrac{1}{\sqrt{2}}$ (B) $\dfrac{2}{3}$ (C) $\dfrac{5}{4\sqrt{3}}$ (D) $\dfrac{\sqrt{3}}{2}$ (E) $\dfrac{3}{4}$

D/CH-9/10 (29) 2019

4.4 Rund um den Kreis

A 4.85 Im Inneren eines Rechtecks mit den Seitenlängen 11 cm und 7 cm berühren zwei Kreise jeweils drei Seiten des Rechtecks (*Abbildung nicht maßstabsgerecht*).
Wie groß ist der Abstand zwischen den Mittelpunkten der beiden Kreise?

(**A**) 1 cm (**B**) 2 cm (**C**) 3 cm (**D**) 4 cm (**E**) 5 cm

A-Kadett (9), D/CH-7/8 (13) 2018

A 4.86 Ein Kreis mit dem Radius 1 rollt eine gerade Strecke der Länge 11π von A nach B (s. Abb.). Welche Lage hat der Kreis am Punkt B?

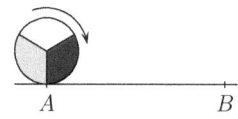

(A)  (B) 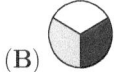 (C)  (D)  (E)

A-Junior (7), D/CH-9/10 (9) 2017

A 4.87 Der graue Teil des Quadrats mit der Seitenlänge 2 cm ist von einem Halbkreisbogen und zwei Viertelkreisbögen begrenzt. Welchen Flächeninhalt hat die graue Fläche?

(**A**) $\frac{\pi}{2}$ cm² (**B**) 2 cm² (**C**) π cm² (**D**) 1 cm² (**E**) $\left(\frac{\pi}{2}+1\right)$ cm²

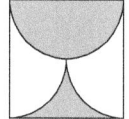

A-Junior (3), D/CH-11/13 (9) 2015

A 4.88 Sechs gleiche runde Stifte, jeder mit einem Umfang von 5 cm, kann ich so wie abgebildet auf zwei verschiedene Arten bündeln und mit Klebeband zusammenhalten. Welche der folgenden Aussagen trifft für die beiden Umfänge U_I und U_{II} zu?

(**A**) U_I ist 5 cm kürzer als U_{II}. (**B**) U_I ist 5 cm länger als U_{II}.
(**C**) U_I ist 10 cm kürzer als U_{II}. (**D**) U_I ist 10 cm länger als U_{II}.
(**E**) U_I ist genauso lang wie U_{II}.

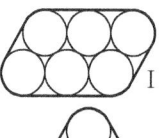
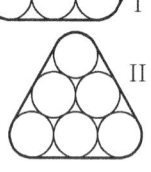

A-Junior (16), D/CH-9/10 (19) 2016

A 4.89 Die abgebildete Figur wird durch drei gleich große Kreise, die den Umfang u haben, gebildet. Ihre Mittelpunkte liegen auf einer Geraden sowie auf der Kreislinie von einem oder zwei der beiden anderen Kreise. Wie lang ist die äußere Begrenzung der Figur?

(A) $\frac{3}{2}u$ (B) $\frac{4}{3}u$ (C) $\frac{5}{3}u$ (D) $2u$ (E) $\frac{5}{2}u$

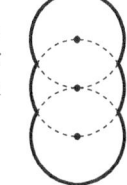

A-Junior (19), D/CH-9/10 (15) 2019

A 4.90 Die senkrechte und die waagerechte Linie auf der abgebildeten Zielscheibe schneiden sich im Mittelpunkt der drei Kreise. Die Flächeninhalte der drei grau markierten Felder sind gleich. Der Radius des kleinsten der drei Kreise ist 1. Wie groß ist der Radius des größten der drei Kreise?

(A) $\sqrt{3}$ (B) $2\sqrt{2}$ (C) 3 (D) $\frac{3\sqrt{3}}{2}$ (E) $\sqrt{6}$

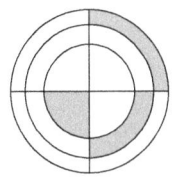

A-Student (16), D/CH-11/13 (20) 2015

A 4.91 Acht kongruente Halbkreise sind in ein Quadrat mit der Seitenlänge 4 gezeichnet. Welchen Flächeninhalt hat die graue Teilfläche?

(A) 2π (B) 8 (C) $6+\pi$ (D) $3\pi - 2$ (E) 3π

A-Junior (13), D/CH-9/10 (28) 2018

4.5 Räumliche Geometrie

Würfelbauwerke

A 4.92 Maximilian baut aus kleinen, gleich großen Würfeln einen großen $3 \times 3 \times 3$-Würfel. Links hat er begonnen. Wie viele kleine Würfel fehlen noch?

(A) 19 (B) 17 (C) 16 (D) 14 (E) 11

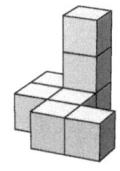 

D/CH-3/4 (13) 2019

A 4.93 Ada hat fünf verschiedene Bauwerke aus jeweils acht gleich großen Würfeln zusammengeklebt. Bei jedem streicht sie die gesamte Oberfläche. Bei welchem braucht sie die meiste Farbe?

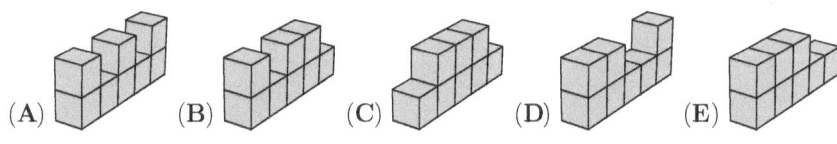

(A)   (B)   (C)   (D)   (E)

A 4.94 Ivona hat aus Pappe zehn Würfel gebastelt und sie zu dem Gebilde rechts zusammengeklebt. Danach hat sie alle Seiten dieses Gebildes rot angemalt. Wie viele der zehn Würfel haben nun genau vier rote Seiten?

(A) 6   (B) 7   (C) 8   (D) 9   (E) 10

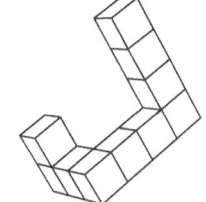

A 4.95 Das Bauwerk rechts besteht aus gleich großen Würfeln. Der Plan daneben zeigt die Lage und Höhe der Türme. Welches ist die Summe der beiden fehlenden Zahlen?

(A) 3   (B) 4   (C) 5   (D) 6   (E) 7

A 4.96 Mats hat zehn Würfel der Seitenlänge 1 cm zu einem merkwürdigen Gebilde zusammengeklebt. Es passt exakt in die rechts abgebildete, quaderförmige Schachtel. Welche Maße hat diese Schachtel?

(A) 3 cm × 3 cm × 4 cm   (B) 3 cm × 4 cm × 6 cm
(C) 3 cm × 4 cm × 5 cm   (D) 4 cm × 4 cm × 6 cm
(E) 4 cm × 4 cm × 5 cm

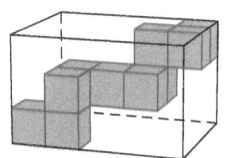

4.5 Räumliche Geometrie

A 4.97 Der abgebildete Quader besteht aus 45 gleich großen schwarzen und weißen Würfeln. Nirgendwo liegen gleichgefärbte Seitenflächen aneinander. Wie viele weiße Würfel sind in diesem Quader?

(A) 18 (B) 20 (C) 21 (D) 22 (E) 24

A-Ecolier (11), D/CH-3/4 (20) 2015

A 4.98 Aus gleich großen Würfeln hat Kalil einen Quader gebaut (Bild oben). Jolanda baut mit derselben Anzahl von Würfeln auch einen Quader. Die unterste Schicht hat sie schon fertig (Bild unten).
Wie viele Schichten wird Jolandas Quader haben?

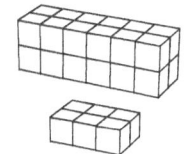

(A) 2 (B) 3 (C) 4 (D) 5 (E) 6

D/CH-5/6 (14) 2016

A 4.99 Ein Stab ist aus zwei dunklen und einem hellen Würfel zusammengeklebt. Welcher der fünf Würfel kann aus neun solchen Stäben bestehen?

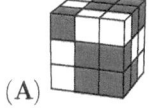    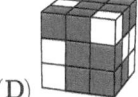

(A) (B) (C) (D) (E)

A-Benjamin (17), D/CH-5/6 (19) 2017

A 4.100 Aus schwarzen und weißen Würfeln ist ein größerer Würfel gebaut worden. Fünf der sechs Seitenflächen dieses Würfels sind rechts abgebildet. Wie sieht die sechste Seitenfläche aus?

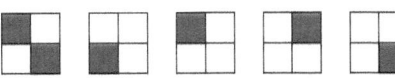

 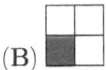 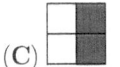 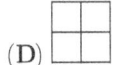 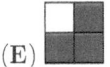

(A) (B) (C) (D) (E)

D/CH-5/6 (21) 2016

A 4.101 Carlos baut aus 32 weißen und 32 schwarzen kleinen $1\times1\times1$-Würfeln einen großen $4\times4\times4$-Würfel, bei dem der größtmögliche Teil der Oberfläche weiß ist. Wie viele Seitenflächen der kleinen weißen Würfel gehören zur Oberfläche des großen Würfels?

(A) 56   (B) 62   (C) 64   (D) 72   (E) 76

A-Benjamin (24), D/CH-5/6 (23) 2019

A 4.102 Ioannis hat aus 125 gleich großen Würfeln einen $5\times5\times5$-Würfel zusammengeklebt und anschließend einige Seiten dieses großen Würfels komplett rot angestrichen. Von den 125 kleinen Würfeln haben genau 45 keine bemalte Seite. Wie viele Seiten des großen Würfels hat Ioannis rot angestrichen?

(A) 1   (B) 2   (C) 3   (D) 4   (E) 5

A-Junior (29), D/CH-9/10 (22) 2018

A 4.103 Der rechts abgebildete Körper ist aus einem $5\times5\times5$-Würfel entstanden, indem parallel zu den Kanten des Würfels neun Tunnel durchgestoßen wurden. Aus wie vielen $1\times1\times1$-Würfeln besteht dieser Körper?

(A) 73   (B) 80   (C) 83   (D) 86   (E) 89

A-Kadett (27), D/CH-7/8 (27) 2017

Körpernetze

A 4.104 Maja hat den Bastelbogen entlang der vier gepunkteten Linien gefaltet. Die dabei entstandene Schachtel stellt sie mit der Öffnung nach oben auf den Tisch. Welche Seite der Schachtel liegt auf dem Tisch?

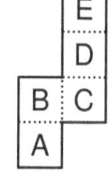

(A) A   (B) B   (C) C   (D) D   (E) E

A-Benjamin (9), D/CH-5/6 (11) 2016

4.5 Räumliche Geometrie

A 4.105 Aus dem abgebildeten Netz wird ein dreiseitiges Prisma gefaltet. Mit welchen beiden Punkten fallen dabei die Punkte U und V zusammen?

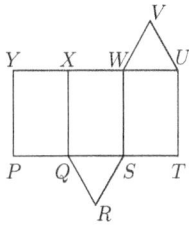

(A) mit X und W (B) mit Y und X
(C) mit W und Y (D) mit T und R
(E) mit R und S

A-Kadett (7), D/CH-7/8 (8) 2015

A 4.106 Ramses will fünf Pyramiden bauen. Für jede der Pyramiden will er ein anderes Netz zeichnen. Vier Netze sind ihm gelungen, eine Zeichnung ist jedoch kein Netz für eine Pyramide. Welche?

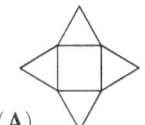 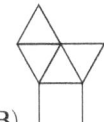 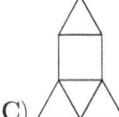  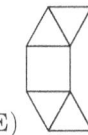
(A)   (B)   (C)   (D)   (E)

D/CH-5/6 (16) 2015

A 4.107 Von den sechs Seiten eines Würfels sind die jeweils gegenüberliegenden Seiten verschieden gefärbt. Welches der fünf Würfelnetze kann nicht zu diesem Würfel gehören?

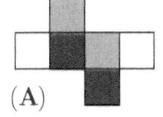 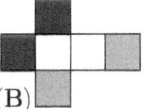 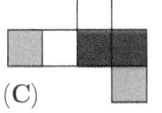 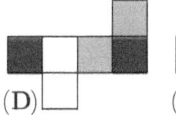 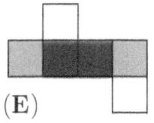
(A)   (B)   (C)   (D)   (E)

A-Benjamin (15), D/CH-5/6 (17) 2018

A 4.108 Fabian möchte einen Würfel aus Papier falten. Beim Aufzeichnen des Netzes hat er ein Quadrat zu viel gezeichnet, sieben anstatt sechs. Welches Quadrat kann er wegschneiden, sodass ein Würfelnetz entsteht?

	1	2	3
4	5	6	
	7		

(A) nur 4   (B) nur 7   (C) nur 3 oder 4
(D) nur 3 oder 7 (E) nur 3, 4 oder 7

A-Benjamin (21), D/CH-5/6 (20) 2015

A 4.109 Matti ist für die Windlichter beim Gartenfest zuständig. Er will ein altes Glas, das die Form eines Kegelstumpfs hat, von außen vollständig und ohne Überlappungen mit farbigem Transparentpapier bekleben, wobei der Boden frei bleiben soll.
Welche Form muss dieses Stück Transparentpapier haben?

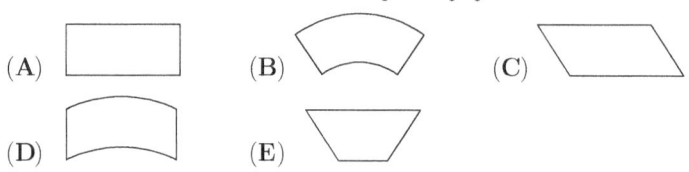

A-Student (8), D/CH-11/13 (6) 2015

A 4.110 Nur auf einem der Würfel, die sich aus den folgenden Würfelnetzen falten lassen, ist eine geschlossene Linie zu sehen. Auf welchem?

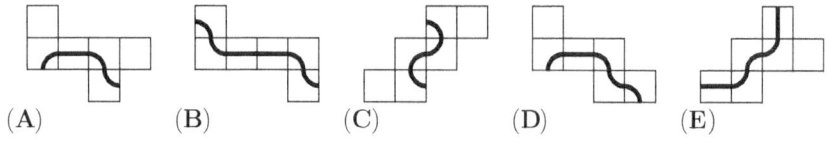

A-Benjamin (16), D/CH-5/6 (19) 2019

A 4.111 Aus einem der folgenden Würfelnetze lässt sich ein Würfel falten, auf dem eine geschlossene Linie zu sehen ist. Welches Würfelnetz ist das?

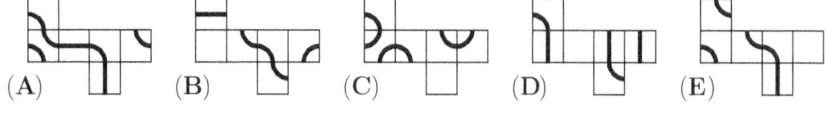

A-Kadett (24), D/CH-7/8 (21) 2019

A 4.112 Das rechts abgebildete Oktaeder kann aus dem daneben abgebildeten Netz gefaltet werden. Welche der Kanten dieses Netzes fällt beim Zusammenfalten mit der mit x markierten Kante zusammen?

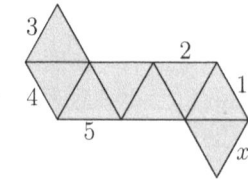

(A) 1   (B) 2   (C) 3   (D) 4   (E) 5

A-Junior (23), D/CH-9/10 (16) 2019

Volumenberechnung

A 4.113 Fünf identische Gläser sind mit Wasser gefüllt und unterschiedlich gekippt. Vier der Gläser enthalten dieselbe Menge Wasser. In welchem Glas ist eine andere Menge Wasser?

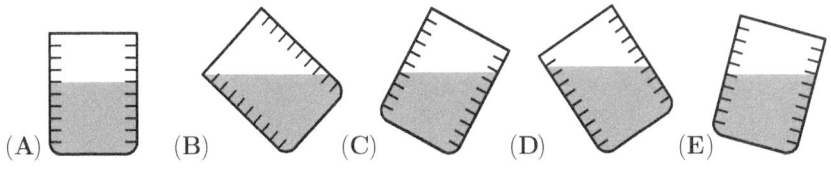

A 4.114 In der Zeitung stand, dass bei dem starken Regen gestern innerhalb einer Stunde 15 Liter Wasser pro Quadratmeter fielen. Um wie viel stieg dabei der Wasserspiegel im großen Schwimmbecken im Freibad?

(**A**) um 150 cm (**B**) um 15 cm (**C**) um 1,5 cm

(**D**) um 0,15 cm (**E**) Das hängt von der Größe des Beckens ab.

A 4.115 Welches Volumen hat der Quader, der aus dem rechts abgebildeten und mit Maßen versehenen Netz gefaltet werden kann?
(*Die Abbildung ist nicht maßstabsgerecht.*)

(**A**) 54 cm³ (**B**) 70 cm³ (**C**) 72 cm³
(**D**) 80 cm³ (**E**) 84 cm³

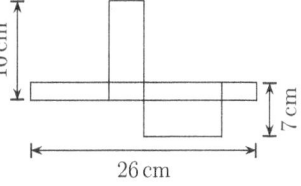

A 4.116 Ein würfelförmiger Behälter mit einer Kantenlänge von 10 cm ist genau zur Hälfte mit Wasser gefüllt. In diesen Behälter wird ein Würfel aus Stahl mit einer Kantenlänge von 2 cm hineingelegt. Welche Höhe hat der Wasserspiegel in dem Behälter jetzt?

(**A**) 5,10 cm (**B**) 5,09 cm (**C**) 5,08 cm (**D**) 5,07 cm (**E**) 5,06 cm

A 4.117 Ein geschlossener quaderförmiger Glaskasten enthält $120\,\text{cm}^3$ einer Flüssigkeit. Je nachdem, auf welcher Seitenfläche der Quader liegt, steht die Flüssigkeit $2\,\text{cm}$, $3\,\text{cm}$ oder $5\,\text{cm}$ hoch. Welches Volumen hat der Glaskasten?

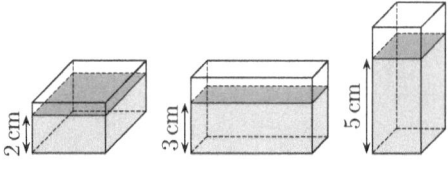

(A) $160\,\text{cm}^3$ (B) $180\,\text{cm}^3$ (C) $200\,\text{cm}^3$ (D) $220\,\text{cm}^3$ (E) $240\,\text{cm}^3$

A 4.118 Die Seitenflächen eines Quaders haben die Flächeninhalte A, B und C. Welches Volumen hat der Quader?

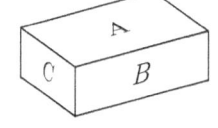

(A) ABC (B) $\sqrt{ABC}$

(C) $\sqrt[3]{ABC}$ (D) $\sqrt{AB+BC+CA}$

(E) $\sqrt{A^3+B^3+C^3}$

A 4.119 Die Seitenmittelpunkte eines Würfels sind die Ecken eines Oktaeders (s. Abb.). Welches Volumen hat dieses Oktaeder, wenn die Seitenlänge des Würfels 1 beträgt?

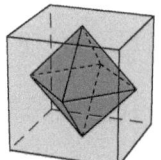

(A) $\dfrac{1}{3}$ (B) $\dfrac{1}{4}$ (C) $\dfrac{1}{5}$ (D) $\dfrac{1}{6}$ (E) $\dfrac{1}{8}$

A 4.120 Ein Würfel wird in sechs Pyramiden zerlegt, indem ein Punkt im Inneren des Würfels mit allen acht Eckpunkten verbunden wird. Die Volumina von fünf der sechs Pyramiden sind 2, 5, 10, 11 und 14. Welches ist das Volumen der sechsten Pyramide?

(A) 4 (B) 6 (C) 9 (D) 12 (E) 22

5 Logisches, Kryptisches, Magisches

Durch korrektes logisches Schließen entstehen in der Mathematik aus bekannten Sachverhalten neue Erkenntnisse. Im abschließenden Kapitel sind Beispiele gesammelt, bei denen – meist in kleine Geschichten verpackt – Fertigkeiten im Mittelpunkt stehen, die im Mathematikunterricht und überhaupt beim Lösen von mathematischen Problemen eine tragende Rolle spielen. Es gilt, wahre Aussagen zu erkennen, Widersprüche aufzudecken, Regeln zu verstehen, Zusammenhänge auszumachen und plausible Argumente zu finden.

5.1 Logisches mit und ohne Zahlen

Logikaufgaben aus Schule und Freizeit

A 5.1 Lena hat sich ein Passwort ausgedacht. Es hat mehr als sechs Zeichen. Die beiden letzten Zeichen sind Ziffern. Die vier Buchstaben L, E, N und A sind enthalten, aber nur zwei davon sind groß geschrieben. Welches könnte Lenas Passwort sein?

(**A**) elan184 (**B**) L5e1n2A (**C**) 1AneL73 (**D**) LEnA63 (**E**) le592na

A-Ecolier (11), D/CH-3/4 (9) 2016

A 5.2 Madu zeichnet im Rechenheft einen dicken Rand um eine Reihe von elf Kästchen.

| 1 | 2 | 3 | 4 | 5 | 6 | 7 | 8 | 9 | 10 | 11 |

Davon malt er acht nebeneinanderliegende Kästchen rot aus.
Welche der elf Kästchen hat Madu mit Sicherheit rot ausgemalt?

(**A**) 1 bis 8 (**B**) 3 bis 9 (**C**) 4 bis 8 (**D**) 5 bis 10 (**E**) 4 bis 11

A-Ecolier (16), D/CH-3/4 (14) 2016

A 5.3 In meiner Familie hat jedes der Kinder mindestens zwei Brüder und mindestens zwei Schwestern. Wie viele Kinder sind wir mindestens?

(**A**) 5 (**B**) 6 (**C**) 7 (**D**) 8 (**E**) 9

A-Junior (1), D/CH-9/10 (3) 2018

A 5.4 Im Klassenzimmer sind ein roter, ein karierter und ein grüner Rucksack liegen geblieben. Anna, Eva und Paul vermissen ihre Rucksäcke schon. Von dem roten und dem karierten Rucksack gehört nur einer einem Mädchen. Auch von dem roten und dem grünen Rucksack gehört nur einer einem Mädchen. Wie sieht Pauls Rucksack aus?

(A) rot (B) kariert
(C) grün (D) kariert oder grün
(E) Jeder der Rucksäcke kann Pauls Rucksack sein.

D/CH-3/4 (14) 2018

A 5.5 Auf der Klassenfahrt erzählt unsere Klassenlehrerin von ihren Kindern Anna und Ole. Vier ihrer fünf Aussagen sind richtig, bei einer ist sie jedoch durcheinandergekommen. Bei welcher?

(A) „Anna hat 2 Brüder." (B) „Ole hat 3 Schwestern."
(C) „Ich habe 5 Kinder." (D) „Ole hat 2 Brüder."
(E) „Anna hat 2 Schwestern."

A-Benjamin (19), D/CH-5/6 (15) 2019

A 5.6 Ins Ferienlager haben Til und seine drei Freunde insgesamt zwölf Bücher mitgenommen. Jeder hat eine andere Anzahl an Büchern eingepackt, jeder aber mindestens ein Buch. Til hat vier Bücher dabei. Wie viele Bücher hat der mit den meisten Büchern eingepackt?

(A) 4 (B) 5 (C) 6 (D) 7 (E) 8

A-Ecolier (19), D/CH-3/4 (19) 2017

A 5.7 Aus einer Liste mit den Zahlen 1, 2, 3, 4, 5, 6, 7 wählt Monika drei verschiedene Zahlen, deren Summe 8 beträgt. Aus derselben Liste wählt Daniel drei verschiedene Zahlen, deren Summe 7 beträgt. Wie viele der Zahlen wurden sowohl von Monika als auch von Daniel gewählt?

(A) keine (B) 1 (C) 2 (D) 3
(E) Es kann nicht bestimmt werden.

A-Benjamin (16) 2018

A 5.8 Antonia feiert Geburtstag. Sie sitzt mit fünf Freunden beim Kartenspielen an einem runden Tisch. Antonia sitzt direkt zwischen Maats und Luis, Zorah sitzt rechts neben Gustav, und Denise sitzt nicht direkt gegenüber von Luis. Was ist richtig?

(A) Denise sitzt neben Luis. (B) Maats sitzt neben Denise.
(C) Gustav sitzt neben Luis. (D) Maats sitzt neben Luis.
(E) Luis sitzt neben Zorah.

D/CH-11/13 (8) 2019

A 5.9 Zur Faschingsfeier hat Herr Lange 24 Pfannkuchen mitgebracht. Einige der Pfannkuchen sind mit Pflaumenmus gefüllt, einige mit Erdbeerkonfitüre und der Rest mit Senf. Genau neun Pfannkuchen sind *nicht* mit Pflaumenmus gefüllt, und genau sieben sind mit Erdbeerkonfitüre gefüllt. Wie viele Pfannkuchen sind mit Senf gefüllt?

(A) 2   (B) 3   (C) 4   (D) 5   (E) 6

D/CH-7/8 (8) 2018

A 5.10 In einem Spiel sind rote, blaue und weiße Kugeln, insgesamt 15 Stück. Acht der Kugeln sind nicht rot, und zehn der Kugeln sind nicht blau. Wie viele der Kugeln sind weiß?

(A) 3   (B) 4   (C) 6   (D) 7   (E) 9

A-Ecolier (21), D/CH-3/4 (21) 2019

A 5.11 Djamila hat sich eine 3-stellige Zahl gedacht. Djamilas Zahl stimmt
... mit 458 in genau einer Ziffer überein, die sogar an der richtigen Stelle steht,
... mit 431 in genau einer Ziffer überein, die aber an der falschen Stelle steht,
... mit 824 in genau zwei Ziffern überein, die beide an der falschen Stelle stehen,
... mit 765 in keiner Ziffer überein.
Welche Zahl hat Djamila sich gedacht?

(A) 328   (B) 238   (C) 253   (D) 423   (E) 218

D/CH-5/6 (21) 2018

A 5.12 Im Sommercamp haben Anja und Bodo fast ihr gesamtes Taschengeld für Eis ausgegeben. Pro Tag hat jeder entweder zwei oder drei Kugeln gekauft. Naschkatze Anja hat insgesamt 25 Kugeln gegessen, Bodo nur 19 Kugeln. Wie viele Tage waren sie im Camp?

(A) 7 (B) 9 (C) 11 (D) 12 (E) 13

D/CH-3/4 (21) 2015

A 5.13 Luna hat für den Kuchenbasar Muffins mitgebracht: 10 Apfelmuffins, 18 Nussmuffins, 12 Schokomuffins und 9 Blaubeermuffins. Sie nimmt immer 3 verschiedene Muffins und legt sie auf einen Teller. Welches ist die *kleinste* Zahl von Muffins, die dabei übrig bleiben können?

(A) 1 (B) 3 (C) 4 (D) 7 (E) 8

A-Ecolier (23), D/CH-3/4 (24) 2017

A 5.14 In einer Schachtel befinden sich 65 Kugeln. Davon sind acht weiß und die restlichen schwarz. In einem Zug können bis zu fünf Kugeln auf einmal aus der Schachtel entnommen werden. Es ist nicht erlaubt, Kugeln in die Schachtel zurückzulegen. Wie viele Züge müssen mindestens durchgeführt werden, um zu garantieren, dass mindestens eine weiße Kugel aus der Schachtel entnommen wird?

(A) 11 (B) 12 (C) 13 (D) 14 (E) 15

A-Student (8) 2018

A 5.15 Im Rahmen eines Projekts zählen Emma, Linus, Natascha, Charlie und Defne, wie viele SMS sie sich untereinander in der vergangenen Woche geschickt haben. Es sind insgesamt 40 Stück. Danach zählen sie, dass Emma, Linus, Natascha und Charlie jeder genau 14 SMS erhalten oder verschickt hat. Wie viele SMS hat Defne erhalten oder verschickt?

(A) 12 (B) 18 (C) 20 (D) 24 (E) 28

A-Junior (14), D/CH-9/10 (13) 2018

A 5.16 Julie hat Selfies mit ihren acht Cousins gemacht. Jeder der acht Cousins ist auf zwei oder drei der Selfies. Auf jedem Selfie sind genau fünf Cousins. Wie viele Selfies hat Julie gemacht?

(A) 3 (B) 4 (C) 5 (D) 6 (E) 7

A-Benjamin (21), D/CH-5/6 (22) 2019

A 5.17 Zwischen zwei Wohnheimen soll eine Bushaltestelle eingerichtet werden, die dann vor allem von Studierenden benutzt werden wird. Im Heim I wohnen 100 Studierende und im Heim II wohnen 150 Studierende. Die Heime liegen an derselben Straße, 250 m voneinander entfernt. Die *Summe aller Wege aller Studierenden* zu der Bushaltestelle soll minimal sein. Wo soll die Haltestelle gebaut werden?

(A) direkt vor Heim I

(B) direkt vor Heim II

(C) von Heim I 100 m in Richtung Heim II

(D) von Heim II 100 m in Richtung Heim I

(E) genau in der Mitte zwischen den Heimen

A-Junior (11), D/CH-9/10 (21) 2018

Logik und Sport

A 5.18 Beim traditionellen Kuhrennen in Flumserberg haben die Wettfreunde Benny, Kjeld, Egon und Yvonne die Reihenfolge für die ersten vier Plätze getippt:

Benny: Susi, Alma, Heidi, Fea   Kjeld: Susi, Heidi, Fea, Alma

Egon: Alma, Fea, Heidi, Susi   Yvonne: Heidi, Fea, Susi, Alma

Für jede Kuh haben genau zwei Wettfreunde den richtigen Platz vorausgesagt. In welcher Reihenfolge galoppierten die vier Kühe ins Ziel?

(A) Susi, Fea, Heidi, Alma   (B) Alma, Susi, Heidi, Fea

(C) Susi, Fea, Alma, Heidi   (D) Heidi, Fea, Susi, Alma

(E) Susi, Heidi, Fea, Alma

D/CH-3/4 (15) 2016

A 5.19 Beim Tischtennisturnier in der Schule hat Simone die Ergebnisse der vier Viertelfinalspiele, der beiden Halbfinalspiele und des Finales aufgeschrieben, wenn auch ziemlich durcheinander: Georg besiegt Anton, Carl besiegt Bruno, Dennis besiegt Henry, Carl besiegt Georg, Eric besiegt Felix, Dennis besiegt Carl, Dennis besiegt Eric. Welche zwei der acht Spieler haben im Finale gespielt?

(A) Carl und Bruno   (B) Dennis und Carl   (C) Eric und Felix

(D) Dennis und Eric   (E) Carl und Georg

A-Kadett (14), D/CH-7/8 (23) 2016

A 5.20 Die Ergebnisse der vier Viertelfinalspiele, der zwei Halbfinalspiele und des Finales eines Tennisturniers sind auf der Website des Vereins veröffentlicht, allerdings recht ungeordnet: Celine besiegt Hella, Elisabeth besiegt Babett, Giovanna besiegt Dörte, Giovanna besiegt Celine, Celine besiegt Annegret, Annegret besiegt Farah. Beim genaueren Hinschauen fällt auf, dass ein Ergebnis vergessen wurde. Welches?

(**A**) Giovanna besiegt Annegret. (**B**) Celine besiegt Farah.
(**C**) Annegret besiegt Elisabeth. (**D**) Elisabeth besiegt Celine.
(**E**) Giovanna besiegt Elisabeth.

A-Junior (13), D/CH-9/10 (18) 2016

A 5.21 Yanis, Max und Fedor treffen sich täglich am See zum Frisbeespielen. Sie haben festgestellt: Immer wenn Yanis keine Frisbeescheibe dabeihat, dann hat Max eine dabei. Immer wenn Max keine Frisbeescheibe dabeihat, dann hat Fedor eine dabei. Gestern hatte Max keine Frisbeescheibe dabei. Wer hatte gestern eine Frisbeescheibe dabei?

(**A**) nur Yanis (**B**) nur Fedor
(**C**) Yanis und Fedor (**D**) keiner der drei
(**E**) Das lässt sich nicht mit Sicherheit sagen.

A-Student (10), D/CH-11/13 (11) 2019

A 5.22 Vor dem Radball-Finale RSV Kette – RBC Speiche wurden folgende Voraussagen getroffen:

1. Das Spiel geht nicht Unentschieden aus.
2. Dem RSV Kette gelingt mindestens ein Tor.
3. Der RSV Kette verliert nicht.
4. Es fallen insgesamt 3 Tore.
5. Der RSV Kette gewinnt.

Nach dem Spiel stellte sich heraus, dass genau drei der Voraussagen wahr sind. Wie ging das Spiel aus?

(**A**) 3 – 0 (**B**) 2 – 1 (**C**) 1 – 1 (**D**) 0 – 3 (**E**) 1 – 2

A-Student (16), D/CH-11/13 (19) 2018

A 5.23 Beim schulinternen Sprachenwettbewerb standen Lina, Bao, Hans, Kim und Emre im Finale. In der Schule machten die folgenden Vermutungen die Runde:
1. Entweder wird Lina gewinnen oder Bao.
2. Lina wird nicht gewinnen.
3. Weder Bao noch Kim wird gewinnen.
4. Emre wird gewinnen.

Danach stellte sich heraus, dass nur eine der vier Vermutungen richtig war. Wer hat gewonnen?

(A) Lina (B) Bao (C) Hans (D) Kim (E) Emre

Logik und Zeit

A 5.24 Im Sommercamp überlegten fünf Kinder, welcher Wochentag ist.
Roman sagte: Gestern war Mittwoch. Emil sagte: Morgen ist Freitag.
Ida sagte: Vorgestern war Dienstag. Bodo sagte: Übermorgen ist Sonntag.
Anja sagte: Heute ist Donnerstag.
Genau vier der Kinder wussten den richtigen Tag. Wer hat sich geirrt?

(A) Roman (B) Emil (C) Ida (D) Bodo (E) Anja

A 5.25 In dieser Woche haben die Feuerwehrleute Markus, Peter und Frank von Mittwoch bis Sonntag Dienst, an jedem Tag genau zwei von ihnen. Markus ist an 3 Tagen dran, Peter an 4 Tagen. Wie viele Tage hat Frank in dieser Woche Dienst?

(A) 1 (B) 2 (C) 3 (D) 4 (E) 5

A 5.26 Alle Jungen, die im Jugendorchester spielen, wurden in verschiedenen Monaten geboren und alle Mädchen an verschiedenen Wochentagen. Käme jedoch ein weiteres Mitglied zum Orchester dazu, so wäre ganz sicher eine dieser beiden Aussagen falsch. Wie viele Jugendliche sind im Jugendorchester?

(A) 19 (B) 20 (C) 21 (D) 22 (E) 23

A 5.27 Theos Uhr geht 10 Minuten nach, aber er glaubt, dass sie 5 Minuten vorgeht. Galinas Uhr geht 5 Minuten vor, aber sie glaubt, dass sie 10 Minuten nachgeht. Wenn Theo glaubt, dass es 12:00 Uhr ist, was glaubt dann Galina, wie spät es ist?

(**A**) 11:30 Uhr (**B**) 11:45 Uhr (**C**) 12:00 Uhr (**D**) 12:30 Uhr (**E**) 12:45 Uhr

A-Kadett (22), D/CH-7/8 (25) 2016

Logisches an ungewöhnlichen Orten

A 5.28 Kapitän Grimmbart lagert seinen Besitz sortiert in Truhen. Er hat alle Aufschriften so verschlüsselt, dass gleiche Ziffern für gleiche Buchstaben stehen. Auf der linken Truhe steht verschlüsselt EDELSTEINE. Welches Wort steht auf der rechten Truhe?

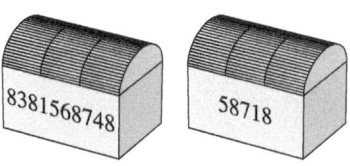

(**A**) SEILE (**B**) EISEN (**C**) SIEBE (**D**) LEDER (**E**) SEIFE

D/CH-7/8 (4) 2018

A 5.29 Fünf Eichhörnchen A, B, C, D und E sitzen auf den markierten Punkten. Sie sammeln sechs Nüsse ein, die durch Kreuze gekennzeichnet sind.

Die Eichhörnchen beginnen gleichzeitig und gleich schnell zur nächstgelegenen Nuss zu laufen, um sie aufzuheben. Sobald ein Eichhörnchen die erste Nuss aufgesammelt hat, läuft es sofort weiter, um eine weitere Nuss zu bekommen. Welches Eichhörnchen kann sich eine zweite Nuss holen?

(**A**) A (**B**) B (**C**) C (**D**) D (**E**) E

A-Benjamin (12) 2016

A 5.30 Die vernunftbegabten Wesen auf dem Planeten Horch haben mindestens zwei Ohren. Fernab von allen anderen begegneten sich eines Tages drei Horcher. Da meinte der erste: „Ich sehe 7 Ohren." Der zweite stellte fest: „Ich sehe 8 Ohren." Erstaunt bemerkte der dritte: „Ich sehe nur 5 Ohren." Keiner konnte seine eigenen Ohren sehen. Wie viele Ohren hat der dritte Horcher?

(**A**) 2 (**B**) 3 (**C**) 4 (**D**) 5 (**E**) 6

A-Student (13), D/CH-9/10 (13) 2015

5.1 Logisches mit und ohne Zahlen

A 5.31 Maulwurf Egon arbeitet an seinem Bau. Schon fünf Maulwurfshügel sind entstanden, zwei davon heute. Von den Hügeln A, C und D ist nur einer heute entstanden. Hügel C oder Hügel E ist heute entstanden, aber nicht beide. Die Hügel A und D sind beide gestern entstanden. Welche zwei Hügel sind heute entstanden?

(A) A und E (B) B und C (C) B und D
(D) C und E (E) B und E

A-Ecolier (23), D/CH-3/4 (20) 2019

A 5.32 Dachse werden in zwei Gattungen unterteilt: Meles und Arctonyx. Die Gattung Arctonyx kommt ausschließlich in Ost- und Südostasien vor. Welche der folgenden Aussagen ist folglich richtig?

(A) Alle Dachse leben in Asien.
(B) In Asien kommt nur die Gattung Arctonyx vor.
(C) Die Gattung Meles kommt in Amerika vor.
(D) Die Gattung Meles kommt nur in Afrika vor.
(E) Die Gattung Arctonyx kommt nicht in Australien vor.

A-Student (6), D/CH-11/13 (8) 2018

A 5.33 Schneewittchens Stiefmutter bewahrt ihren Zauberspiegel in einer von drei Truhen auf.
  Auf der 1. Truhe steht: „Der Spiegel ist in der 2. Truhe."
  Auf der 2. Truhe steht: „Der Spiegel ist nicht in dieser Truhe."
  Auf der 3. Truhe steht: „Der Spiegel ist in dieser Truhe."
Genau zwei der drei Aufschriften sind wahr. Wo ist der Spiegel?

(A) in der 1. Truhe   (B) in der 2. Truhe
(C) in der 3. Truhe   (D) in der 1. oder 2. Truhe
(E) Jede Truhe ist möglich.

A-Benjamin (13), D/CH-5/6 (19) 2018

A 5.34 Zauberin Minerva wollte von ihren Schülern Albus, Severus, Phineas, Quirinus und Rubeus wissen, wie viele von ihnen fleißig die neuen Zaubersprüche auswendig gelernt haben. Die fünf Zauberschüler gaben seltsamerweise jeder eine andere Antwort:

„Keiner." „Genau einer." „Genau zwei." „Genau drei." „Genau vier."

Belegt mit einem Wahrheitszauber sprachen nur genau diejenigen die Wahrheit, die wirklich fleißig waren – die anderen logen. Wie viele der fünf Zauberschüler waren wirklich fleißig?

(A) keiner (B) einer (C) zwei (D) drei (E) vier

A-Kadett (20), D/CH-7/8 (20) 2015

A 5.35 Bei einer Aufwärmübung in der Theatergruppe stehen 18 Darsteller im Kreis mit dem Blick zur Mitte. Auf ein Signal dreht sich jeder zufällig nach rechts oder links. Nun schauen acht Darsteller einem ihrer Nachbarn ins Gesicht und verbeugen sich. Auf ein zweites Signal drehen sich alle um, und wieder verbeugt sich jeder, der einem seiner Nachbarn ins Gesicht schaut. Wie viele Darsteller verbeugen sich diesmal?

(A) 4 (B) 8 (C) 10 (D) 16

(E) Das ist nicht eindeutig bestimmt.

A-Junior (28), D/CH-9/10 (24) 2017

A 5.36 Ein Narr will im Scherzamt seinen neuen Ausweis abholen. Ausweise gibt es nur an einem einzigen Schalter. Die Schilder sind verwirrend, aber es ist, wie im Scherzamt üblich, nur eine Aufschrift wahr.

Hier gibt es Ausweise.	Hier gibt es KEINE Ausweise.	Ausweise gibt es am Schalter 4. →	Ausweise gibt es am Schalter 5. →	Hier gibt es Ausweise.
Schalter 1	Schalter 2	Schalter 3	Schalter 4	Schalter 5

Wo gibt es Ausweise?

(A) am Schalter 1 (B) am Schalter 2 (C) am Schalter 3
(D) am Schalter 4 (E) am Schalter 5

A-Kadett (14), D/CH-7/8 (18) 2018

A 5.37 Die vier Handwerker Olaf, Torsten, Jörg und Ralf verbringen ihre Pause am runden Frühstückstisch. Einer von ihnen ist Fliesenleger, einer Klempner, einer Maler und einer Elektriker. Der Klempner sitzt links neben Olaf, der Fliesenleger gegenüber von Torsten. Jörg und Ralf sitzen nebeneinander. Links neben dem Maler sitzt Olaf oder Jörg. Welches Handwerk betreibt Jörg?

(A) Fliesenleger   (B) Klempner
(C) Maler   (D) Elektriker
(E) Das ist nicht eindeutig bestimmt.

A-Junior (28), D/CH-9/10 (23) 2016

A 5.38 Beim Tiberischen Wagenrennen sind nur 4 Wagen ins Ziel gekommen: der blaue, der grüne, der rote und der weiße. Titus, der mit Schnupfen im Bett liegt, erkundigt sich bei Quintus nach dem Ausgang des Rennens, denn er kennt nur Gerüchte: 1. Der blaue sei Vierter geworden. 2. Der grüne sei Erster geworden. 3. Der rote sei nicht Vierter geworden. 4. Der weiße sei weder Erster noch Vierter geworden. „Von diesen Gerüchten sind drei wahr und eines ist falsch", sagt Quintus. Daraus schließt Titus, welcher Wagen Erster und welcher Vierter geworden ist, und zwar

(A) der grüne und der blaue.   (B) der grüne und der rote.
(C) der weiße und der blaue.   (D) der grüne und der weiße.
(E) der rote und der blaue.

D/CH-9/10 (22) 2015

A 5.39 Im Saloon saßen um einen großen runden Tisch 7 Männer und pokerten. Einige waren stadtbekannte Ganoven. Einer brüllte plötzlich: „Betrug! Ich sitze zwischen zwei Ganoven!" Da rief auch jeder andere: „Ich sitze auch zwischen zwei Ganoven!" Der Sheriff saß still am Tresen. Er wusste, dass alle Ganoven logen, die anderen aber die Wahrheit sprachen. Wie viele Ganoven saßen am Tisch und pokerten?

(A) 3   (B) 4   (C) 5   (D) 6
(E) Das ist aus diesen Informationen nicht zu ermitteln.

A-Student (17), D/CH-11/13 (18) 2016

5.2 Logisches Lückenfüllen

Einfache Ausfüllrätsel

A 5.40 Im Bild stehen ◯, ☆ und ♡ für 3 verschiedene Zahlen. Die Zahlen 15, 12 und 16 sind die Summen der 3 Zahlen in der jeweiligen Zeile. Für welche Zahl steht ☆ ?

(A) 2 (B) 3 (C) 4 (D) 5 (E) 6

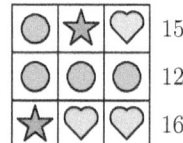

A-Ecolier (17), D/CH-3/4 (19) 2019

A 5.41 Kiran trägt in ein 5 × 5-Gitter die Zahlen 1, 2, 3, 4 und 5 so ein, dass in jeder waagerechten und in jeder senkrechten Reihe jede der fünf Zahlen genau einmal vorkommt. Welche Zahl gehört in das graue Feld?

(A) 1 (B) 2 (C) 3 (D) 4 (E) 5

4	5	1	2	3
2	3			1
5	1	2	3	4
3	4	?		2
1	2	3	4	5

A-Ecolier (10), D/CH-3/4 (13) 2018

A 5.42 Paola will in die zehn Kreise Zahlen schreiben, sodass die drei Zahlen auf jeder Fünfeckseite dieselbe Summe haben. Sie hat bereits fünf Zahlen geschrieben. Welche Zahl muss Paola für das Fragezeichen schreiben?

(A) 7 (B) 8 (C) 11 (D) 13 (E) 15

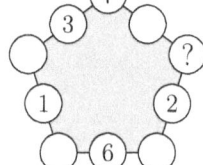

A-Benjamin (22), D/CH-5/6 (19) 2016

A 5.43 In die Felder des Kreuzes sind die Zahlen 2, 3, 5, 6 und 7 einzutragen. Die Summe der drei nebeneinander stehenden Zahlen soll gleich der Summe der drei Zahlen sein, die übereinander stehen. Welche Zahl kann dann im mittleren Kästchen mit dem Fragezeichen stehen?

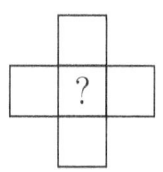

(A) nur die 3 (B) nur die 5 (C) nur die 7
(D) nur die 5 oder die 7 (E) nur die 3, die 5 oder die 7

A-Ecolier (19), D/CH-3/4 (22) 2015

5.2 Logisches Lückenfüllen

A 5.44 Die Zahlen 1, 2, 3, 4, 5, 6 und 7 sollen in die sieben Felder der Figur eingetragen werden, wobei aufeinanderfolgende Zahlen *nicht* in Felder geschrieben werden dürfen, die direkt miteinander verbunden sind. Was kann dann in dem grauen Feld stehen?

(A) alle 7 Zahlen (B) nur die 4
(C) nur 1 und 7 (D) nur die geraden Zahlen
(E) nur die ungeraden Zahlen

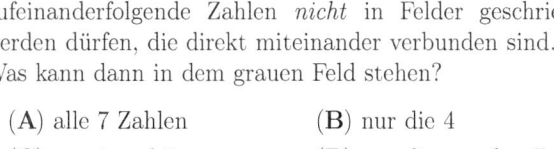

A-Ecolier (23), D/CH-3/4 (24) 2018

A 5.45 Leonie hat hinter einigen grauen Feldern jeweils einen Smiley versteckt. Die Zahlen geben an, wie viele Smileys in den benachbarten Zellen versteckt sind. Zwei Zellen sind genau dann benachbart, wenn sie eine Seite oder eine Ecke gemeinsam haben. Wie viele Smileys hat Leonie versteckt?

(A) 4 (B) 5 (C) 7 (D) 8 (E) 11

A-Ecolier (24) 2017

A 5.46 Die Zahlen 3, 4, 5, 6, 7, 8 und 9 lassen sich so in die sieben Kreise verteilen, dass die Summe entlang jeder der drei geraden Linien gleich ist. Was ist die Summe aller Zahlen, die in dem grauen Kreis stehen können?

(A) 6 (B) 12 (C) 18 (D) 24 (E) 42

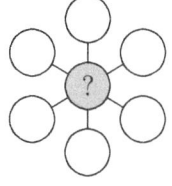

D/CH-5/6 (24) 2018

A 5.47 In jedes Kästchen des 3×3-Feldes soll eine natürliche Zahl geschrieben werden, sodass je zwei waagerecht oder senkrecht benachbarte Zahlen stets dieselbe Summe haben. Zwei Zahlen sind bereits eingetragen. Wie groß ist die Summe aller Zahlen, die im fertig ausgefüllten 3×3-Feld stehen?

(A) 19 (B) 20 (C) 21 (D) 22 (E) 23

A-Kadett (20), D/CH-7/8 (18) 2017

Kompliziertere magische Figuren

A 5.48 Diana möchte in jeden Kreis des vorgegebenen Musters ganze Zahlen so eintragen, dass für alle acht kleinen Dreiecke die Summen der drei Zahlen an den Ecken gleich sind. Wie viele verschiedene Zahlen kann sie dabei höchstens verwenden?

(A) 1   (B) 2   (C) 3   (D) 5   (E) 8

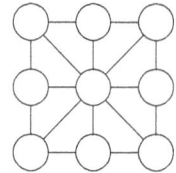

A-Student (7) 2016

A 5.49 Oliana hat die Zahlen von 1 bis 9 in die 9 Kästchen eines 3 × 3-Feldes geschrieben. Dann hat sie die Summe der Zahlen in jeder Zeile und in jeder Spalte berechnet. Fünf dieser Summen sind 12, 13, 15, 16 und 17. Welches ist die sechste Summe?

(A) 13   (B) 14   (C) 15   (D) 16   (E) 17

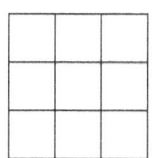

A-Kadett (19), D/CH-7/8 (21) 2018

A 5.50 In jedes der sieben Felder der Figur soll eine Zahl so eingetragen werden, dass jede Zahl gleich der Summe aller Zahlen in den angrenzenden Feldern ist. Zwei Zahlen sind bereits eingetragen. Welche Zahl gehört in das mittlere Feld?

(A) −2   (B) 1   (C) −4   (D) 0   (E) 6

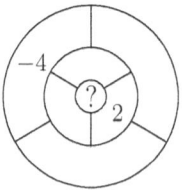

A-Kadett (24), D/CH-7/8 (21) 2015

A 5.51 In jeden der sieben Kreise in der abgebildeten Figur soll eine ganze Zahl geschrieben werden. Jede Zahl in einem Kreis soll gleich der Summe der Zahlen in den mit diesem Kreis direkt verbundenen Kreisen sein. Zwei Zahlen sind schon vorgegeben. Welche Zahl gehört in den dick umrandeten Kreis in der Mitte?

(A) 0   (B) −3   (C) 3   (D) −6   (E) 6

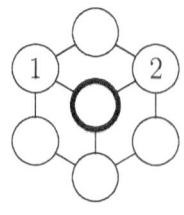

A-Junior (21), D/CH-9/10 (21) 2015

5.2 Logisches Lückenfüllen

A 5.52 In jedes Feld des abgebildeten Rings soll eine Zahl so geschrieben werden, dass jede der eingetragenen Zahlen gleich der Summe ihrer beiden Nachbarn ist. Zwei Zahlen sind schon eingetragen. Für welche Zahl steht das Fragezeichen?

(A) 2 (B) −20 (C) 18 (D) 38 (E) −38

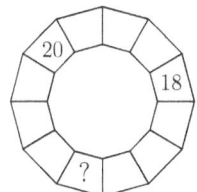

A-Junior (16), D/CH-9/10 (24) 2018

A 5.53 In der abgebildeten Würfelpyramide hat jeder der 14 Würfel eine andere Masse, die in Gramm (g) angegeben ganzzahlig ist. Die Gesamtmasse der neun Würfel in der unteren Schicht beträgt 50 g. Jeder der anderen fünf Würfel hat dieselbe Masse wie die vier direkt unter ihm liegenden Würfel zusammen. Welches ist die größtmögliche Masse, die der oberste Würfel haben kann?

(A) 80 g (B) 98 g (C) 104 g (D) 110 g (E) 118 g

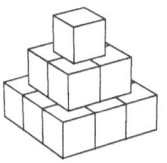

A-Kadett (28), D/CH-7/8 (29) 2016

A 5.54 Nelly will die neun Zahlen 1, 2, 4, 5, 10, 20, 25, 50 und 100 so in das 3×3-Feld eintragen, dass das Produkt der Zahlen in jeder Zeile, jeder Spalte und in den beiden Diagonalen stets dasselbe ist. Zwei Zahlen hat Nelly schon eingetragen.
Welche Zahl gehört an die Stelle des Fragezeichens?

(A) 2 (B) 4 (C) 5 (D) 10 (E) 25

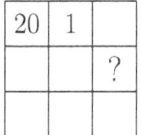

A-Junior (15), D/CH-9/10 (28) 2016

A 5.55 In die Kästchen des 5×5-Feldes sind die Zahlen 1, 2, 3, 4, 5 so einzutragen, dass in jeder Zeile und in jeder Spalte jede dieser fünf Zahlen genau einmal vorkommt. Desweiteren sollen die Summen der Zahlen in den drei umrandeten Teilgebieten gleich sein. Welche Zahl gehört in das Kästchen mit dem Fragezeichen?

(A) 1 (B) 2 (C) 3 (D) 4 (E) 5

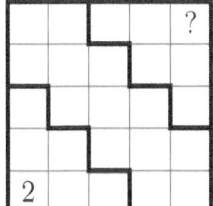

A-Student (30), D/CH-11/13 (25) 2019

Lösungen

1 Zahlen und Rechnen

1.1 Rechenaufgaben bunt gemischt

Rechengeschichten zum Aufwärmen

L 1.1 (**E**) Amy hat 7 Punkte, Bert hat 6 Punkte, Carl hat 8 Punkte, Doris hat 8 Punkte und Emil hat 9 Punkte gewürfelt. Emil hat die meisten Punkte.

L 1.2 (**B**) Wir zählen 6 Eier. Wenn das die Hälfte ist, dann ist $6 \cdot 2 = 12$ die gesuchte Zahl der Ostereier, die Max insgesamt hat.

L 1.3 (**C**) Da Levi 8 Jahre alt ist, ist sein Bruder 6 Jahre und seine Schwester 10 Jahre alt. Die gesuchte Summe ist $8 + 6 + 10 = 24$.
Wer bemerkt, dass sich die 2 Jahre jünger (des Bruders) gegen die 2 Jahre älter (der Schwester) „aufheben", rechnet $3 \cdot 8 = 24$ und ist sogar noch schneller fertig.

L 1.4 (**B**) Der Pfeil ganz oben trifft 2 Luftballons, wodurch sie platzen. Der mittlere Pfeil trifft 2 weitere Luftballons. Und der untere Pfeil trifft 3 weitere Luftballons, sodass auch diese platzen. Von den 10 Luftballons platzen $2+2+3 = 7$. Also bleiben $10 - 7 = 3$ ganz.

L 1.5 (**D**) Die Zahlen 71 und 72 liegen zwischen 61 und 80. Also ist (**D**) die gesuchte Lösung.

L 1.6 (**A**) Es sind $2 \cdot 2 = 4$ Betten in den zwei 2-Bett-Zimmern, $4 \cdot 4 = 16$ Betten in den vier 4-Bett-Zimmern und $2 \cdot 10 = 20$ Betten in den zwei 10-Bett-Zimmern. Insgesamt sind das $4 + 16 + 20 = 40$ Betten.

L 1.7 (**A**) Jedes braune Huhn hat in den vergangenen 10 Tagen genau 10 Eier gelegt, die 5 braunen Hühner haben also alle zusammen 50 Eier gelegt. Jedes weiße Huhn hat in den 10 Tagen nur 5 Eier gelegt, die 5 weißen Hühner zusammen also 25 Eier. Und die gesamte Hühnerschar hat demzufolge 75 Eier gelegt.

L 1.8 (**D**) Da die gesuchte Zahl zuerst mit 0 multipliziert wird, gehört in den Kreis links daneben natürlich eine 0. Und nun tragen wir nacheinander in die Kreise ein: $0 + 6 = 6$; $6 \cdot 4 = 24$; $24 - 15 = 9$; $9 + 4 = 13$.

L 1.9 (**C**) Die Maya-Zahlen in den Antwortmöglichkeiten sind: (**A**) $5 + 1 = 6$, (**B**) $2 \cdot 5 + 1 = 11$, (**C**) $2 \cdot 5 + 2 = 12$, (**D**) $3 \cdot 5 + 2 = 17$, (**E**) $3 \cdot 5 + 4 = 19$. Die Maya-Zahl 12 ist in (**C**) zu sehen.

L 1.10 (D) Ein Treffer auf den hellgrauen Ring bringt 12 : 3 = 4 Punkte. Also bringt ein Treffer auf den dunkelgrauen Kreis 15 − 2 · 4 = 7 Punkte. Daraus errechnen wir, dass Skadi bei ihrem dritten Versuch für die drei Treffer 3 · 7 = 21 Punkte erhält.

L 1.11 (B) Auf dem Spielwürfel sind insgesamt 1+2+3+4+5+6 = 21 Punkte. Da auf den fünf sichtbaren Seitenflächen insgesamt 17 Punkte sind, sind auf der sechsten Seitenfläche die zu 21 fehlenden 21 − 17 = 4 Punkte.

L 1.12 (D) Natürlich könnten wir 111 · 222 schriftlich ausrechnen. Aber da wir schon 111·111 kennen und 222 das Doppelte von 111 ist, gilt 111·222 = 111·111·2. Also können wir uns die Arbeit erleichtern und 12321 · 2 = 24642 rechnen, wozu nur jede Ziffer verdoppelt werden muss.

L 1.13 (D) Für die Teilstrecke von Bonn bis Bingen braucht der Zug etwa 15 Minuten weniger als für die gesamte Strecke, das heißt etwa 1 Stunde und 10 Minuten. Das sind 70 Minuten.

L 1.14 (E) Die 5 vorgeschlagenen Türme bestehen aus 2, 4, 6, 8 und 10 Steinen. Der zu teilende Turm hat 27 Steine. Nach dem ersten Teilen besteht ein Turm aus 9 Steinen, der andere aus 18 Steinen. Alle Turmhöhen, die beim weiteren Teilen entstehen können, sind rechts veranschaulicht.

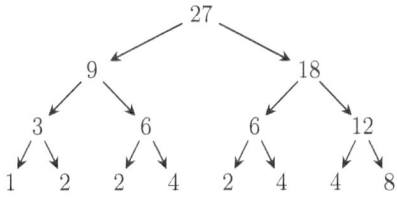

Die Höhen von 2, 4, 6 und 8 Steinen sind möglich. Ein Turm aus 10 Steinen ist nicht dabei.

Rechnen mit den Jahreszahlen

L 1.15 (D) Im Datum kommen 6 verschiedene Ziffern vor: 0, 1, 2, 3, 5 und 8. Also hat Josef 6 seiner Stempel benutzt.

L 1.16 (B) Bei (A), (C), (D) und (E) liegen jeweils 3 oder sogar alle 4 Karten nicht an derselben Stelle wie in der Jahreszahl, sodass *eine* Vertauschung gewiss nicht ausreicht. Nur bei (B) sind genau 2 Karten vertauscht (0 und 7).

L 1.17 (E) Wir tragen die Zwischenergebnisse in die kleinen Ellipsen ein und erhalten:

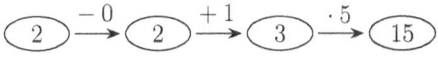

L 1.18 (B) Es ist $2 \cdot 2 + 0 \cdot 0 + 1 \cdot 1 + 5 \cdot 5 = 4 + 0 + 1 + 25 = 30$.

L 1.19 (C) Zwischen 3,17 und 20,16 liegen die natürlichen Zahlen von 4 bis 20. Das sind 17 Zahlen.

L 1.20 (D) $\dfrac{2017 + 2018 + 2019}{2018} = \dfrac{(2018-1) + 2018 + (2018+1)}{2018} = \dfrac{3 \cdot 2018}{2018} = 3$

L 1.21 (C) Zähler und Nenner können nacheinander ausgerechnet werden, beide sind gleich. Das gesuchte Ergebnis ist also 1.
Schneller geht es, wenn wir uns Zähler und Nenner genauer anschauen: Die Summanden und die Faktoren 20 und 19 sind nur vertauscht, Zähler und Nenner haben also denselben Wert. Der Bruch hat den Wert 1.

L 1.22 (A) Die Summe ist
$\dfrac{25}{100} \cdot 2018 + \dfrac{2018}{100} \cdot 25 = \dfrac{25 \cdot 2018}{100} + \dfrac{2018 \cdot 25}{100} = 2 \cdot \dfrac{25 \cdot 2018}{100} = \dfrac{2018}{2} = 1009$.

L 1.23 (A) Es ist $2015 \cdot 2017 = (2016 - 1) \cdot (2016 + 1)$. Nach der 3. binomischen Formel gilt $(2016 - 1) \cdot (2016 + 1) = 2016^2 - 1$. Also sind $2015 \cdot 2017$ und $2016 \cdot 2016$ aufeinanderfolgende natürliche Zahlen, und es gibt keine natürliche Zahl, die dazwischen liegt.

L 1.24 (D) Da das Alter in den Faktoren steckt, deren Produkt 2015 ist, zerlegen wir 2015 in seine Primfaktoren. Offenbar ist 2015 durch 5 teilbar; es ist $2015 : 5 = 403$. Wir stellen fest, dass 403 nicht durch 2, 3, 5, 7, 11 teilbar ist. Aber es ist $403 : 13 = 31$. Da 31 eine Primzahl ist, haben wir die Primfaktorzerlegung gefunden: $2015 = 5 \cdot 13 \cdot 31$. Die Aufteilung zwischen Vater und Sohn ist nur auf eine Weise möglich: Der Vater ist $5 \cdot 13 = 65$ Jahre alt, der Sohn 31, und die gesuchte Differenz ist 34 Jahre.

L 1.25 (B) Die kleinste Zahl mit Ziffernsumme 2019 hat natürlich die kleinstmögliche Zahl von Stellen, d. h. die Ziffer 9 muss sooft wie möglich vorkommen. Es ist $2019 : 9 = 224$ Rest 3. Eine 224-stellige Zahl hat höchstens die Quersumme $224 \cdot 9 = 2016$. Der Rest 3 muss als Ziffer an die 1. Stelle. Die kleinste natürliche Zahl mit Quersumme 2019 ist die Zahl $3\underbrace{9\ldots9}_{224\text{-mal}}$. Sie beginnt mit 3.

L 1.26 (C) Mithilfe der 1. binomischen Formel erhalten wir

$$\sqrt{(2015 + 2015) + (2015 - 2015) + (2015 \cdot 2015) + (2015 : 2015)}$$
$$= \sqrt{2 \cdot 2015 + 0 + 2015^2 + 1} = \sqrt{(2015 + 1)^2} = 2016.$$

L 1.27 (E) Es gilt $2018^{10} = \sqrt{2018^{20}} = \sqrt{2018^{18} \cdot 2018^2}$. Der Summand 2018^2 taucht also 2018^{18}-mal unter der Wurzel auf.

Runden und Schätzen

L 1.28 (D) Da die Zahlen in den Antwortmöglichkeiten weit auseinanderliegen, ist das grobe Runden von $510{,}2 \cdot 2{,}015$ durch $500 \cdot 2 = 1000$ ausreichend.

L 1.29 (B) Da die Zahlen in den Antwortmöglichkeiten weit auseinanderliegen, ist das grobe Runden von $20{,}15 \cdot 51{,}02$ durch $20 \cdot 50 = 1000$ ausreichend.

L 1.30 (D) Da die Zahlen in den Antwortmöglichkeiten weit auseinanderliegen, ist das grobe Runden von $0{,}2015 \cdot 0{,}5012$ durch $0{,}2 \cdot 0{,}5 = 0{,}1$ ausreichend.

L 1.31 (B) Wir runden $17 \cdot 0{,}3 \approx 5$, $20{,}16 \approx 20$ und $999 \approx 1000$. Als Lösung erhalten wir (B), denn $\dfrac{17 \cdot 0{,}3 \cdot 20{,}16}{999} \approx \dfrac{100}{1000} = 0{,}1$.

L 1.32 (E) Abhängig von der Zahl der gekauften Artikel sind an der Kasse $0{,}99\,€$ oder $1{,}98\,€$ oder $2{,}97\,€$ oder $3{,}96\,€$ oder ... zu zahlen. Der Eurobetrag steigt mit der Zahl der Artikel vor dem Komma bei jedem Schritt um 1, der Centbetrag hinter dem Komma sinkt um 1. Daher ist die Summe aus Eurobetrag und Centbetrag (solange der Gesamtwert des Einkaufs höchstens $99{,}00\,€$ beträgt) stets 99. Das ist nur bei (E) der Fall. Nur der Preis $28{,}71\,€$ ist möglich.
Natürlich kann die Aufgabe auch gelöst werden, indem die Geldbeträge in den Antwortmöglichkeiten nacheinander durch $0{,}99\,€$ geteilt werden.

L 1.33 (C) Da die Zahlen in den Antwortmöglichkeiten weit auseinanderliegen, können wir großzügig runden: $0{,}435 : 0{,}0821 \approx 0{,}4 : 0{,}08 = 40 : 8 = 5$.

L 1.34 (A) Es ist möglich die 5 Differenzen zu $\dfrac{1}{2}$ zu bilden, dafür einen Hauptnenner auszurechnen und dann diese Differenzen zu vergleichen – eine ziemlich aufwendige Rechnerei. Es ist einfacher, die Brüche mit 2 zu multiplizieren und die Abstände zu $2 \cdot \dfrac{1}{2} = 1$ zu betrachten. Das Doppelte der Brüche ist: (A) $\dfrac{58}{57}$, (B) $\dfrac{50}{79}$, (C) $\dfrac{114}{92}$, (D) $\dfrac{54}{59}$, (E) $\dfrac{104}{97}$. Wir erkennen, dass $\dfrac{58}{57}$ am nächsten bei 1 und somit der Bruch in (A) am nächsten bei $\dfrac{1}{2}$ liegt.

1.2 Knobeleien mit Ziffern

Größte und Kleinste gesucht

L 1.35 (**A**) Da Maya nur 2 Ziffern vertauscht, muss sie 1 und 5 vertauschen. Mayas Zahl ist 152. Frieder erhält durch den Tausch der beiden Ziffern 1 und 2 sogar die größtmögliche Zahl aus den Ziffern 5, 1 und 2, nämlich 521. Die gesuchte Differenz ist $521 - 152 = 369$.

L 1.36 (**D**) Als Tage kommen 01 bis 31 vor. Unter diesen hat 29 die größte Ziffernsumme. Für die Monate stehen 01 bis 12 zur Verfügung, von denen 09 die größte Ziffernsumme hat. Die größte Zahl schreibt Axel am 29.09. in seine Tabelle: $2 + 9 + 0 + 9 = 20$.

L 1.37 (**A**) Karim wird sicher die Ziffern vor der ersten 9 wegstreichen, um eine möglichst große Zahl zu bekommen. Er streicht also 8 Ziffern, $24 - 8 = 16$ bleiben noch zu streichen. Um die 9 als 2. Ziffer hinter der eben festgelegten 9 zu bekommen, müsste Karim 19 weitere Ziffern streichen. Selbst um die 8 als 2. Ziffer zu bekommen, wären 17 weitere Ziffern zu streichen. Er hat aber nur 16 zur Verfügung. Also streicht er die 15 Ziffern bis zur 7 und die 1, die auf die 7 folgt. Übrig bleibt 9781920.

L 1.38 (**A**) Die Zahl auf dem Papierstreifen ist 10-stellig. Da die Summe der drei Zahlen auf den Abschnitten so klein wie möglich sein soll, ist mindestens eine dieser drei Zahlen 4-stellig (keine ist 5-stellig oder noch größer). Da schon die Summe der beiden kleinsten möglichen 4-stelligen Zahlen größer ist als alle Lösungsvorschläge, ist nur *eine* 4-stellige Zahl dabei, die anderen beiden sind 3-stellig. Nun kann die 4-stellige Zahl die erste, die mittlere oder die letzte der drei Zahlen auf dem Streifen sein, es gibt also genau drei Möglichkeiten. Es ist sowohl $258 + 195 + 3746 > 3000$ als auch $2581 + 953 + 764 > 3000$, folglich kann die gesuchte Summe nur $258 + 1953 + 764 = 2975$ sein. (**A**) ist die Lösung.

L 1.39 (**E**) Die vier gleichen Ziffern müssen vier Neunen sein, sonst wäre die Quersumme höchstens $4 \cdot 8 + 9 = 41$. Wegen $42 - 4 \cdot 9 = 6$ ist die fünfte Ziffer eine 6.

L 1.40 (**B**) Die drei Ziffern seien a, b und c mit $a > b > c$. Die beiden größten Zahlen, die Kim gebildet hat, sind $100a + 10b + c$ und $100a + 10c + b$. Ihre Summe ist $200a + 11(b+c) = 1444$. Da die Summe auf 44 endet und $b + c \leq 15$ gilt, kann nur $b + c = 4$ sein. Dann ist $a = 7$ und die gesuchte Summe $a + b + c = 11$. Für b und c gibt es übrigens die beiden Möglichkeiten 1 und 3 bzw. 0 und 4.

L 1.41 (D) Von den Zahlen in den Antwortmöglichkeiten ist $AAABCB$ gewiss nicht die größte unter all den gebildeten Zahlen, denn da die Ziffern voneinander verschieden sind, ist entweder $B > C$, und dann ist $AAABBC > AAABCB$, oder es ist $C > B$, und dann ist $AAACBB > AAABCB$.

Ziffern gesucht: Kryptogramme

L 1.42 (E) Wir beginnen bei den Einern. Die Summe der drei Einer ist 16. Der Übertrag ist 1. Da 826 den Zehner 2 hat, kann die Summe der drei Zehner plus Übertrag nur 12 sein und in das Kästchen unter der 4 gehört die Ziffer $12 - 4 - 2 - 1 = 5$. Der Übertrag ist wieder 1. Damit ist $8 - 2 - 1 - 1 = 4$ die zweite verdeckte Ziffer. Die gesuchte Summe ist folglich $5 + 4 = 9$.

```
    2 4 3
    1 □ 7
  + □ 2 6
  -------
    8 2 6
```

L 1.43 (D) Wenn wir die Gleichung umstellen, wird es vielleicht einfacher: $2\square + 25 = \square 3$. Eine 3 an der Einerstelle der Summe erhalten wir nur, wenn wir eine 8 zur 5 addieren. Also ergänzen wir die Ziffer: $28 + 25 = \square 3$ und errechnen als zweite fehlende Ziffer die 5. Die gesuchte Summe ist $8 + 5 = 13$.

L 1.44 (E) Wir können die Größe der Ziffer auf der 1. Karte durch Schätzen ermitteln. Diese kann nur eine 1 sein, sonst würden zwei Zahlen, die größer oder gleich 20 sind, miteinander multipliziert und das Ergebnis wäre größer oder gleich 400. Die Ziffer auf der 2. leeren Karte muss mit 3 multipliziert auf 2 enden, was nur auf 4 zutrifft. Die Faktoren sind also 13 und 24, und da $13 \cdot 24 = 312$ ist, steht auf der 3. leeren Karte eine 1. Die gesuchte Summe ist $1 + 4 + 1 = 6$.

L 1.45 (A) Da die Summe zweier 3-stelliger Zahlen stets kleiner als 2000 ist, muss D gleich 1 sein. Es ist also DDDD = 1111. Daraus folgt, dass A + C (Hunderterstelle) gleich 10 oder gleich 11 ist. Da C + A (Einerstelle) auf 1 endet, ist A + C = 11. Damit an der Zehnerstelle von DDDD eine 1 steht, muss B + B auf 0 enden. Also könnte B gleich 0 oder gleich 5 sein. B kann jedoch nicht 5 sein, weil dann zu der Summe A + C an der Hunderterstelle, die ja gleich 11 ist, der Übertrag aus der Summe der beiden B hinzukäme. Also muss B = 0 sein.

L 1.46 (A) Zuerst bemerken wir, dass für den Buchstaben Z nur die 1 stehen kann als Übertrag an der Hunderterstelle. Weil X + X höchstens 18 sein kann, ist YY mindestens $111 - 18 = 93$, also gleich 99. Somit ist $X = (111 - 99) : 2 = 6$.

L 1.47 (B) Da $5 + D$ auf 4 endet, muss $D = 9$ sein. Also gibt es an der Einerstelle einen Übertrag und $4 + C + 1$ endet auf 5. Daher ist $C = 0$. An der Zehnerstelle gibt es folglich keinen Übertrag, sodass $A + B = 6$ gilt. Die gesuchte Summe ist somit $A + B + C + D = 6 + 0 + 9 = 15$.

L 1.48 (B) Da die Summe zweier dreistelliger Zahlen ganz sicher kleiner als $1000 + 1000 = 2000$ ist, folgt $E = 1$. Da $D + D = 2D$ gerade ist, muss, da in der Summe an der Zehnerstelle eine 1 steht, an der Einerstelle ein Übertrag entstehen. Somit endet $2D$ auf 0, das heißt $D = 5$ und $N = 0$. Da $O \geq 5$ und $D = 5$ ist, kann O nur eine der Zahlen 6, 7, 8 oder 9 sein und V entsprechend 3, 5, 7 bzw. 9. Der zweite Fall ($O = 7$, $V = 5$) entfällt, da bereits $D = 5$ gilt, und ebenso entfällt der letzte Fall, da hier O und V nicht verschieden sind. Also gibt es zwei Möglichkeiten, das Kryptogramm zu lösen: $655 + 655 = 1310$ und $855 + 855 = 1710$.

1.3 Teilbarkeit

L 1.49 (D) Nachdem jeder der 7 Pinguine 3 Fische bekommen hat, sind noch $25 - 7 \cdot 3 = 4$ Fische im Eimer (der Rest bei Division von 25 durch 7). Also erhalten 4 Pinguine mehr als 3 Fische.

L 1.50 (E) Die geraden Ziffern sind 0, 2, 4, 6 und 8. Code (**E**) besteht als einziger der fünf Codes aus vier geraden Ziffern. In den anderen Codes ist immer mindestens eine ungerade Ziffer.

L 1.51 (C) Da die Summe dreier ungerader Zahlen eine ungerade Zahl ist, ist das Ergebnis 20 nicht möglich.

L 1.52 (E) Es gibt 2 Möglichkeiten, die Zahl 15 als Produkt von 2 natürlichen Zahlen zu schreiben: $15 = 1 \cdot 15 = 3 \cdot 5$. Nur bei der zweiten Zerlegung sind beide Faktoren einstellig. Die gesuchte Summe ist $3 + 5 = 8$.

L 1.53 (B) Da es doppelt so viele Vollbärte wie Schnurrbärte gibt, ist die Zahl der Bartträger, also der Zwerge, die entweder einen Schnurrbart oder einen Vollbart haben, das Dreifache der Zahl der Schnurrbärte. Von den Zahlen, die größer sind als die Hälfte von 7, also 4 oder 5 oder 6 oder 7, ist nur 6 ein Vielfaches von 3. Es sind also 2 Zwerge mit Schnurrbart und $2 \cdot 2 = 4$ Zwerge mit Vollbart. Einer der Zwerge hat keinen Bart.

L 1.54 (D) Wenn wir die fünf Divisionsaufgaben rechnen, stellen wir fest, dass bei Aufgabe (**D**) der Rest 2 bleibt. Die vier anderen Divisionen gehen ohne Rest auf.
Lösungsvariante: Wer Teilbarkeitsregeln kennt, muss fast gar nicht rechnen. Bei Division durch 1 bleibt kein Rest. 2012 ist als gerade Zahl durch 2 teilbar. 2013 mit Quersumme 6 ist durch 3 teilbar und 2015 endet auf 5 und ist somit durch 5 teilbar. Die Zahl aus den beiden letzten Ziffern von 2014 ist 14, und da 14 nicht durch 4 teilbar ist, ist auch 2014 nicht durch 4 teilbar.

1.3 Teilbarkeit

L 1.55 (C) Nach der Multiplikation hat Raphael 200 oder 300 erhalten, nach der Addition dann 201, 202, 301 oder 302. Da keine dieser Zahlen durch 4 teilbar ist und nur eine, nämlich 201, durch 3 teilbar ist, folgt, dass Raphael zuerst mit 2 multipliziert hat, anschließend hat er 1 addiert und zum Schluss durch 3 dividiert. Als Ergebnis hat er $201 : 3 = 67$ erhalten.

L 1.56 (C) Da die Kiste exakt vollgepackt ist und alle Würfel gleich groß sind, müssen 42, 60 und 90 geteilt durch die Seitenlänge der Würfel (in cm) ganzzahlig sein. Die *größte* mögliche Seitenlänge der Würfel ist folglich der „ggT", der *größte* gemeinsame Teiler dieser drei Zahlen. Diesen finden wir, indem wir 42, 60 und 90 in Primfaktoren zerlegen. Wegen $42 = 2 \cdot 3 \cdot 7$, $60 = 2^2 \cdot 3 \cdot 5$ und $90 = 2 \cdot 3^2 \cdot 5$ ist der größte gemeinsame Teiler von 42, 60 und 90 das Produkt der gemeinsamen, also in jeder der drei Zahlen vorkommenden Primfaktoren. Das ist $2 \cdot 3 = 6$. Die größtmögliche Seitenlänge der Würfel ist somit 6 cm.

L 1.57 (C) Wir bemerken zuerst, dass die Zahl, die im 3. Kreis steht, mit 3 multipliziert wird. Also ist die Zahl im 4. Kreis stets durch 3 teilbar. Die Summe aus einer durch 3 teilbaren Zahl und 2 ist natürlich nicht durch 3 teilbar. Ebenso ist das Produkt aus 2 und einer nicht durch 3 teilbaren Zahl nicht durch 3 teilbar. Weder im 5. noch im 6. Kreis kann demzufolge eine durch 3 teilbare Zahl stehen. Nun schauen wir uns die drei ersten Kreise an. Wir unterscheiden 3 Fälle:

1. Fall: Die Zahl, die Adriano in den 1. Kreis schreibt, ist durch 3 teilbar.   Dann sind die Zahlen im 2. und 3. Kreis nicht durch 3 teilbar. Es sind folglich genau 2 der 6 Zahlen, die im 1. und die im 4. Kreis, durch 3 teilbar.

2. Fall: Die Zahl, die Adriano in den 1. Kreis schreibt, lässt bei Division durch 3 den Rest 1.   Dann lässt die Zahl im 2. Kreis bei Division durch 3 den Rest 2 und die Zahl im 3. Kreis ist durch 3 teilbar. Es sind folglich genau 2 der 6 Zahlen durch 3 teilbar.

3. Fall: Die Zahl, die Adriano in den 1. Kreis schreibt, lässt bei Division durch 3 den Rest 2.   Dann ist die Zahl im 2. Kreis durch 3 teilbar und die Zahl im 3. Kreis lässt bei Division durch 3 den Rest 1. Es sind folglich genau 2 der 6 Zahlen durch 3 teilbar.

In jedem der möglichen Fälle sind stets genau 2 Zahlen durch 3 teilbar.
Bemerkung: Da die Zahl 0 durch jede von 0 verschiedene Zahl teilbar ist, erhält man dieses Ergebnis auch, wenn Adriano in den 1. Kreis eine 0 einträgt.

L 1.58 (C) Das Kind, das am Samstag fünfmal so viele Eier bemalt hat wie am Sonntag, kann nur Bela sein, denn er hat am Samstag 25 Eier bemalt, seine Zahl ist als einzige durch 5 teilbar. Bela hat am Sonntag $25:5=5$ Eier bemalt. Das Kind, das am Samstag sechsmal so viele Eier wie am Sonntag bemalt hat, kann mit der analogen Begründung nur Alma gewesen sein, denn nur 24 ist durch 6 teilbar. Alma hat am Sonntag $24:6=4$ Eier bemalt. Von den verbleibenden Zahlen ist nur 28 durch 4 teilbar. Folglich hat Elisa am Sonntag $28:4=7$ Eier bemalt. Von den verbleibenden Zahlen ist nur 27 durch 3 teilbar. Also muss es David sein, der am Samstag dreimal so viele Eier bemalt hat wie am Sonntag. Er hat am Sonntag $27:3=9$ Eier bemalt. Schließlich hat Coco am Samstag doppelt so viele Eier wie am Sonntag bemalt, nämlich 26. Am Sonntag war sie mit $26:2=13$ Eiern besonders fleißig. Das ist die größte Sonntagseierzahl.

L 1.59 (C) Wir schauen uns die Zahlengruppen an, die die Mädchen abgewischt haben. Maxi hat durch 4 teilbare Zahlen abgewischt, Alla durch 3 teilbare und Nora durch 5 teilbare.
Weil Alla mit der 60 eine nicht nur durch 3, sondern auch durch 4 und durch 5 teilbare Zahl abgewischt hat, war sie vor den anderen beiden, das heißt als Erste dran. Anderenfalls hätte die 60 nicht bei ihr, sondern bei einem anderen Mädchen in der Streichliste gestanden. Als nächstes war Nora an der Reihe, da sie mit der 40 eine nicht nur durch 5, sondern auch durch 4 teilbare Zahl abgewischt hat. Maxi hat als Letzte nur Zahlen abgewischt, die durch 4 teilbar sind, aber nicht durch 3 und auch nicht durch 5. Damit ist die Reihenfolge Alla, Nora, Maxi.

L 1.60 (E) Als erstes stellen wir fest, dass Ninas Startnummer die 0 enthält. Außerdem muss die 7 vorkommen, denn weder 90 noch 72 enthält 7 als Faktor. Nun versuchen wir, 90 als Produkt von 3 der Zahlen 1, 2, 3, 4, 5, 6, 8 und 9 darzustellen. Da $90 = 2 \cdot 3 \cdot 3 \cdot 5$ ist, gibt es die beiden Möglichkeiten $90 = 2 \cdot 9 \cdot 5$ und $90 = 3 \cdot 6 \cdot 5$. Weiter gilt $72 = 2 \cdot 2 \cdot 2 \cdot 3 \cdot 3$. Im ersten Fall, wenn $90 = 2 \cdot 9 \cdot 5$ gilt, kann nur $72 = 1 \cdot 3 \cdot 4 \cdot 6$ sein. Im zweiten Fall ist $72 = 1 \cdot 2 \cdot 4 \cdot 9$. Die 1 muss im Produkt der Ziffern von Jasmins Startnummer stecken, denn diese ist ja das Produkt von 4 Zahlen. In keinem der beiden Fälle enthalten die Startnummern von Leonie und Jasmin die Ziffer 8. Also besteht Ninas Startnummer aus den Ziffern 0, 7 und 8. Die gesuchte Summe ist $0 + 7 + 8 = 15$.

L 1.61 (D) Wenn in den unteren drei Feldern die Zahlen a, b und c stehen, so stehen in der Mitte $a \cdot b$ und $b \cdot c$ und im obersten Feld $a \cdot b^2 \cdot c$. Die Zahl im obersten Feld muss also durch eine Quadratzahl teilbar sein, die größer als 1 ist. Die Zahl $105 = 3 \cdot 5 \cdot 7$ ist nicht durch eine solche Quadratzahl teilbar, während die anderen Zahlen durch von 1 verschiedene Quadratzahlen teilbar sind: $56 = 2 \cdot 2^2 \cdot 7$, $84 = 3 \cdot 2^2 \cdot 7$, $90 = 2 \cdot 3^2 \cdot 5$ und $220 = 5 \cdot 2^2 \cdot 11$. Im obersten Feld kann sicher nicht 105 stehen.

L 1.62 (E) Wir bezeichnen die zweite Ziffer von 15! mit x und die zehnte mit y. Der Faktor 2 taucht in jedem zweiten Faktor von 15! mindestens einmal auf. Folglich ist 15! durch 2^6 und 15!/1000 durch $2^3 = 8$ teilbar. Eine Zahl ist genau dann durch 8 teilbar, wenn die Zahl, die ihre letzten drei Ziffern bilden, durch 8 teilbar ist. Die Zahl $\overline{36y}$ ist genau dann durch 8 teilbar, wenn $y = 0$ oder $y = 8$ gilt. Weiterhin gilt, dass der Faktor 5 in 15! genau dreimal vorkommt, je einmal in den Faktoren 5, 10 und 15. Daher endet 15! auf genau 3 Nullen und folglich ist $y = 8$.
Der Faktor 3 kommt ebenfalls mehrfach in 15! vor, also muss 15! durch 9 teilbar sein. Eine Zahl ist genau dann durch 9 teilbar, wenn ihre Quersumme durch 9 teilbar ist. Es ist $1 + x + 0 + 7 + 6 + 7 + 4 + 3 + 6 + 8 + 0 + 0 + 0 = x + 42$ die Quersumme von 15!. Da x eine Ziffer ist, gilt $42 \leq x + 42 \leq 51$. Die einzige durch 9 teilbare Zahl zwischen 42 und 51 ist die 45. Also muss $x = 45 - 42 = 3$ gelten und somit ist (E) die Lösung.

1.4 Rechnen mit Brüchen

Start in die Bruchrechnung

L 1.63 (E) Nach der ersten Teilung hat Noah vier Teile. Wenn er dann jedes Teil in drei Teile teilt, sind es nach der zweiten Teilung $3 \cdot 4 = 12$ Teile. Noah hat insgesamt 12 Stück Kuchen.

L 1.64 (B) Arno und seine Freunde sind zusammen sechs Kinder. Die sechs Kinder essen sechs halbe Äpfel, das heißt drei ganze. Also hat Arno drei Äpfel mitgebracht.

L 1.65 (B) Es gibt 5 schwarze und 19 weiße Quadrate. Färben wir ein weißes Quadrat schwarz, wird die Anzahl der schwarzen Quadrate um 1 größer und die der weißen um 1 kleiner, es sind dann 6 schwarze und 18 weiße Quadrate. Färben wir weiter, so erhalten wir 7 schwarze und 17 weiße und im nächsten Schritt 8 schwarze und 16 weiße Quadrate. 16 ist das Doppelte von 8, d. h. wir müssen 3 Quadrate umfärben.

L 1.66 (A) Wir können das Rechteck wie in der Aufgabe beschrieben ausmalen. Im Bild ist links ist ein Drittel hellgrau (für gelb) und die Hälfte dunkelgrau (für blau). Übrig bleiben 3 unausgemalte Kästchen (für rot).
Lösungsvariante: Von den 18 Kästchen ist die Hälfte blau, also $18 : 2 = 9$, ein Drittel gelb, also $18 : 3 = 6$ und der Rest rot, also $18 - 9 - 6 = 3$ Kästchen.

L 1.67 (A) Jedes der fünf Neunecke ist in neun gleich große Teile zerlegt. Es muss ein Drittel der Fläche, was drei Teilen entspricht, grau sein. Das ist nur bei (A) der Fall.

L 1.68 (B) Carl hat an insgesamt zehn Viertelstunden Vokabeln gelernt. Da $\frac{10}{4} = \frac{5}{2} = 2\frac{1}{2}$ ist, sind zehn Viertelstunden also zweieinhalb Stunden.

L 1.69 (B) Das Neugeborene wiegt ungefähr $\frac{1}{900}$-mal so viel wie seine Mutter, die Mutter entsprechend ungefähr 900-mal so viel wie der neugeborene Panda. Das sind $900 \cdot 100\,\text{g} = 90\,000\,\text{g} = 90\,\text{kg}$.

L 1.70 (B) Von den 36 Ostereiern sind $\frac{1}{6}$ rot, das sind $\frac{1}{6} \cdot 36 = 6$ Ostereier. Da $\frac{3}{4}$ der Ostereier *nicht* gelb sind, ist $1 - \frac{3}{4} = \frac{1}{4}$ der 36 Ostereier gelb, also $\frac{1}{4} \cdot 36 = 9$ Ostereier. Da $\frac{2}{3}$ der Ostereier *nicht* blau sind, ist $1 - \frac{2}{3} = \frac{1}{3}$ der 36 Ostereier blau, also $\frac{1}{3} \cdot 36 = 12$ Ostereier. Also sind $36 - 6 - 9 - 12 = 9$ Ostereier violett.

L 1.71 (B) Drei Fünftel der Kinder waren Jungen, also waren $1 - \frac{3}{5} = \frac{2}{5}$ der Kinder Mädchen. Ein Sechstel aller Zuschauer waren Erwachsene, folglich waren $1 - \frac{1}{6} = \frac{5}{6}$ der Zuschauer Kinder. Also waren $\frac{2}{5} \cdot \frac{5}{6} = \frac{2}{6} = \frac{1}{3}$ der Zuschauer Mädchen.

L 1.72 (A) Da Else fälschlicherweise insgesamt doppelt so viel strickt, wie sie nach dem gestrigen Weglegen gestrickt hatte, strickt sie ihren Schal bis zu $2 \cdot \frac{2}{3} = \frac{4}{3}$ der ursprünglich geplanten Länge, also ein Drittel länger als geplant. Dieses Drittel ist 40 cm lang. Die geplante Länge war demnach $3 \cdot 40\,\text{cm} = 120\,\text{cm}$.

Bruchrechnung im Text versteckt

L 1.73 (E) Zwischen Amanda und Klaus liegt derjenige Teil des Stabes, den Amanda entlanggekrabbelt ist, abzüglich des Teils, den Klaus nicht entlanggekrabbelt ist. Klaus ist $1 - \frac{3}{4} = \frac{1}{4}$ des Stabes nicht entlanggekrabbelt. Also liegt zwischen den beiden $\frac{2}{3} - \frac{1}{4} = \frac{8-3}{12} = \frac{5}{12}$ der Stablänge.

1.4 Rechnen mit Brüchen 121

L 1.74 (B) Die Hälfte von 400 Euro sind 200 Euro. Ein Viertel davon, also 200 Euro : 4 = 50 Euro gibt der Lehrer für Getränke aus. Für die Eintrittskarten bleiben 200 Euro − 50 Euro = 150 Euro.

L 1.75 (E) Die 75 km, die am zweiten Tag der Radtour zurückgelegt wurden, sind $1 - \frac{1}{3} - \frac{1}{4} = \frac{12-4-3}{12} = \frac{5}{12}$ der Gesamtstrecke. Die Länge der Gesamtstrecke ist damit 75 km : 5 · 12 = 180 km.

L 1.76 (D) Wir bezeichnen die Kilometerzahl der Gesamtstrecke mit g. Dann gilt $g = \frac{3}{4}g + \frac{1}{5}g + 2$. Daraus erhalten wir $g - \frac{3 \cdot 5 + 4}{4 \cdot 5}g = 2$, woraus $\frac{1}{20}g = 2$, also $g = 40$ folgt. Die Gesamtstrecke bei diesem Triathlon war 40 km lang.

L 1.77 (A) Sicher müssen die Zähler a und c die kleinstmöglichen Zahlen sein, also 1 und 2, und die Nenner b und d die größtmöglichen, also 9 und 10. Die Summe, deren kleinsten Wert wir suchen, ist $\frac{a}{b} + \frac{c}{d} = \frac{a \cdot d + c \cdot b}{b \cdot d}$. Da $2 \cdot 10 + 1 \cdot 9 > 1 \cdot 10 + 2 \cdot 9$ ist, ergibt die Wahl $a = 1, b = 9, c = 2, d = 10$ den kleinstmöglichen Wert, und zwar $\frac{a}{b} + \frac{c}{d} = \frac{1 \cdot 10 + 2 \cdot 9}{9 \cdot 10} = \frac{28}{90} = \frac{14}{45}$.

Bruchrechnung pur

L 1.78 (B) Wir wandeln die Brüche in Dezimalzahlen um: $\frac{4}{1} = 4; \frac{5}{2} = 2{,}5; \frac{6}{3} = 2; \frac{7}{4} = 1{,}75; \frac{8}{5} = 1{,}6$. Gleichung (B) ist richtig.

L 1.79 (A) Wir erweitern die Brüche auf den gemeinsamen Hauptnenner 1000 und addieren: $\frac{1}{10} + \frac{2}{100} + \frac{3}{1000} = \frac{100 + 20 + 3}{1000} = \frac{123}{1000}$.

L 1.80 (D) In (A), (B), (C) und (E) ist das Ergebnis jeweils $\frac{10}{21}$. In (D) erhalten wir $\frac{15}{14}$, was sicher verschieden von $\frac{10}{21}$ ist, da $\frac{15}{14}$ größer als 1, $\frac{10}{21}$ jedoch kleiner als 1 ist.

L 1.81 (E) Ein Bruch ist genau dann kleiner als 3, wenn sein Zähler weniger als dreimal so groß wie sein Nenner ist. Das ist nur bei (E) der Fall: $\frac{35}{12} < \frac{36}{12} = 3$.

L 1.82 (**A**) In allen fünf Brüchen tauchen die Zahlen 3, 15, 18 und 20 auf: jeweils zwei im Zähler und zwei im Nenner. Das Ergebnis wird am größten, wenn die beiden größten Zahlen im Zähler stehen und die beiden kleinsten im Nenner. Das ist bei (**A**) der Fall.

1.5 Rechnen mit negativen Zahlen

L 1.83 (**C**) Wir berechnen die Ausdrücke in den Klammern von innen nach außen und beachten dabei, dass ein Minus vor einer Klammer einen Wechsel des Vorzeichens in der Klammer bewirkt:

$$1 - \Big(2 - \big(3 - (4-5)\big)\Big) = 1 - \Big(2 - \big(3 - (-1)\big)\Big) = 1 - \Big(2 - \big(3+1\big)\Big)$$
$$= 1 - \big(2 - 4\big) = 1 - \big(-2\big) = 1 + 2 = 3$$

L 1.84 (**D**) Zahlen, die größer als 6 sind, können nur durch Addition von 2, 4 oder 6, also Addition einer geraden Zahl zu einer geeigneten der positiven Zahlen 2, 4 oder 6 entstehen. Die Zahl 7 kann nicht Lösung sein, weil sie größer als 6 und eine ungerade Zahl ist.

L 1.85 (**D**) Wenn x die gesuchte Zahl ist, dann gilt $-17 - x = -71$ bzw. $x = 71 - 17 = 54$.

L 1.86 (**D**) Da Lola fälschlicherweise subtrahiert hat, statt zu addieren, ist die Temperatur in Köln $-14\,°C + 26\,°C = 12\,°C$ und die bei Lolas Tante in Australien somit $12\,°C + 26\,°C = 38\,°C$.

L 1.87 (**E**) Wir füllen die Kreise linksherum und rechtsherum auf eindeutige Weise, wie durch die Rechnungen angeben ist. Da wir auf den zwei Wegen verschiedene Werte für x erhalten, kann es keine solche Belegung geben.

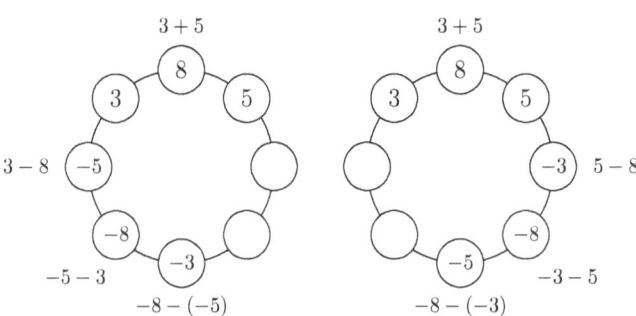

L 1.88 (A) Wie abgebildet bezeichnen wir die Zahl, die im Uhrzeigersinn neben der 1 steht, mit x. Nun berechnen wir in Abhängigkeit von x der Reihe nach, was in den folgenden Feldern stehen muss. Im nächsten Feld steht $x-1$ und dann $(x-1)-x = -1$. In den Feldern nach der 8 stehen dann der Reihe nach $8-(-1) = 9$, $9-8 = 1$, $1-9 = -8$ und schließlich im Feld mit dem Fragezeichen $-8-1 = -9$.

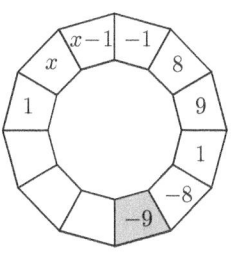

Der Ring kann auf eindeutige Weise ausgefüllt werden. In den nächsten Feldern stehen -1, 8, 9, die gegebene 1, $x = -8$ und $x - 1 = -9$.

1.6 Anteile vergleichen: Prozentrechnung

L 1.89 (C) Damit das Rechnen einfacher wird, wandeln wir die Prozentzahlen in gekürzte Brüche um: $\frac{75}{100} = \frac{3}{4}$ bzw. $\frac{50}{100} = \frac{1}{2}$. Also sind auf Tamaras neuem USB-Stick $\frac{3}{4} \cdot 16 = 12$ Gigabyte, auf dem alten $\frac{1}{2} \cdot 4 = 2$ Gigabyte belegt. Insgesamt sind das 14 Gigabyte.

L 1.90 (C) Aus den Angaben, dass 60 % der Lehrerinnen mit dem Fahrrad fahren und dies genau 45 sind, berechnen wir die Anzahl der Lehrerinnen: $\frac{100}{60} \cdot 45 = 75$. Mit dem Auto kommen daher $\frac{12}{100} \cdot 75 = 9$ Lehrerinnen.

Lösungsvariante: Ebenso gelangen wir zur Lösung, wenn wir beachten, dass die Zahl der Lehrerinnen und der zugehörige Prozentsatz zueinander proportional sind. Es gilt $\frac{12}{60} \cdot 45 = 9$, es fahren also 9 Lehrerinnen mit dem Auto.

L 1.91 (C) Wenn Luana die restlichen 5 Partien gewinnen würde, dann hätte sie $9 + 5 = 14$ Partien von insgesamt $15 + 5 = 20$ Partien gewonnen. Luanas Erfolgsquote wäre dann $\frac{14}{20}$, was wegen $\frac{14}{20} = \frac{70}{100}$ genau 70 % entspricht.

L 1.92 (A) Es ist gegeben, dass $\frac{75}{100}a = \frac{40}{100}b$ ist. Also ist $75a = 40b$. Wenn wir durch 5 teilen, erhalten wir $15a = 8b$, das ist Gleichung (**A**).

L 1.93 (**A**) 25 % von 250 ist $\frac{25}{100} \cdot 250 = \frac{25 \cdot 250}{100}$ und 250 % von 25 ist $\frac{250}{100} \cdot 25 = \frac{25 \cdot 250}{100}$. Die gesuchte Summe ist $2 \cdot \frac{25 \cdot 250}{100} = \frac{250}{2} = 125$.

L 1.94 (**A**) Weil x % von y gleich $\frac{x}{100} \cdot y = \frac{y}{100} \cdot x$, also gleich y % von x ist, ist (**A**) die Lösung.

L 1.95 (**E**) Da 90 % der verbleibenden Kugeln hell sind, sind 10 % dunkel. Da es nur eine dunkle Kugel gibt, entsprechen 10 % der verbleibenden Kugeln einer einzigen Kugel und 100 % folglich $\frac{100}{10} \cdot 1 = 10$ Kugeln. Da es 5 Reihen zu je 10 Kugeln, also insgesamt $5 \cdot 10 = 50$ Kugeln sind, müssen somit 40 Kugeln weggenommen werden.

L 1.96 (**C**) Von den ersten 20 Würfen waren 55 % Treffer, es waren demnach $\frac{55}{100} \cdot 20 = \frac{55}{5} = 11$ Treffer. Nach den fünf weiteren Würfen sind es insgesamt 25 Würfe, und von diesen sind 56 % Treffer, also $\frac{56}{100} \cdot 25 = \frac{56}{4} = 14$ Treffer. Somit waren unter den letzten fünf Würfen $14 - 11 = 3$ Treffer.

1.7 Mittelwerte

L 1.97 (**E**) Da die vier Kinder durchschnittlich 12 Jahre alt sind, sind sie zusammen $4 \cdot 12$ Jahre alt. Entsprechend sind die 2 Eltern zusammen $2 \cdot 36$ Jahre alt. Das Durchschnittsalter der 6-köpfigen Familie ist also gleich $\frac{4 \cdot 12 + 2 \cdot 36}{4 + 2}$.

L 1.98 (**C**) Da die Großeltern bei 4 Reisen durchschnittlich 9 Tage verreist waren, sind sie insgesamt $4 \cdot 9 = 36$ Tage unterwegs gewesen. Die Rügenreise hat davon $36 - 12 - 5 - 9 = 10$ Tage gedauert.

L 1.99 (**E**) Wenn durchschnittlich 1,5 Tassen pro Monat kaputtgingen, waren es im gesamten Jahr $1{,}5 \cdot 12 = 18$ Tassen. Da in genau 2 Monaten keine einzige Tasse kaputtging, gab es in jedem der übrigen 10 Monaten mindestens eine kaputte Tasse, zusammen also 10. Die restlichen $18 - 10 = 8$ gingen also in Monaten entzwei, in denen es mehr als einmal Scherben gab. Da es aber keinen Monat mit mehr als zwei kaputten Tassen gab, sind diese 8 Tassen in verschiedenen Monaten kaputtgegangen. In 8 Monaten sind demzufolge 2 Tassen kaputtgegangen.

1.7 Mittelwerte

L 1.100 (B) Wenn wir die Anzahl aller Teilnehmer mit n bezeichnen, dann haben von diesen insgesamt $\frac{60}{100} \cdot n = 0{,}6 \cdot n$ Teilnehmer bestanden, $0{,}4 \cdot n$ Teilnehmer sind durchgefallen. Die Gesamtzahl aller vergebenen Punkte ist $18 \cdot n$, da die Teilnehmer im Durchschnitt 18 Punkte erreichten. An diejenigen, die bestanden haben, wurden insgesamt $24 \cdot 0{,}6 \cdot n$ Punkte vergeben, an diejenigen, die durchgefallen sind, insgesamt $18 \cdot n - 24 \cdot 0{,}6 \cdot n$ Punkte. Ihr Punktedurchschnitt betrug somit $\frac{18 \cdot n - 24 \cdot 0{,}6 \cdot n}{0{,}4 \cdot n} = \frac{18 \cdot n}{0{,}4 \cdot n} - \frac{24 \cdot 0{,}6 \cdot n}{0{,}4 \cdot n} = \frac{180}{4} - \frac{24 \cdot 6}{4} = 45 - 36 = 9$.

L 1.101 (C) Wir bezeichnen die Anzahl der Sprünge vor der Pause mit N und die gesuchte Weite des nächsten Sprungs mit W. Da die Durchschnittsweite vor der Pause 3,80 m betrug, beträgt die Summe aller Weiten mit dem ersten Sprung nach der Pause $N \cdot 3{,}80\,\text{m} + 3{,}99\,\text{m}$. Andererseits beträgt sie $(N + 1) \cdot 3{,}81\,\text{m}$, da sich mit diesem Sprung die Durchschnittsweite auf 3,81 m erhöhte. Folglich gilt $N \cdot 3{,}80\,\text{m} + 3{,}99\,\text{m} = (N + 1) \cdot 3{,}81\,\text{m} = N \cdot 3{,}81 + 3{,}81$, woraus dann $0{,}18\,\text{m} = N \cdot 0{,}01\,\text{m}$, also $N = 18$ folgt. Der nächste Sprung ist Violas 20. Sprung. Die Summe aller Weiten beträgt dann einerseits $19 \cdot 3{,}81\,\text{m} + W$ und andererseits $20 \cdot 3{,}82\,\text{m}$, wenn sich mit diesem Sprung die Durchschnittsweite auf 3,82 m erhöht. Dann gilt folglich $19 \cdot 3{,}81\,\text{m} + W = 20 \cdot 3{,}82\,\text{m} = 19 \cdot 3{,}82\,\text{m} + 3{,}82\,\text{m}$, woraus $W = 0{,}19\,\text{m} + 3{,}82\,\text{m} = 4{,}01\,\text{m}$ folgt.
Lösungsvariante: Da der Sprung, der 19 cm weiter als die Durchschnittsweite war, eine Steigerung des Durchschnitts um 1 cm bewirkt, sind es nun insgesamt 19 Sprünge. Wenn mit dem 20. Sprung wieder eine Steigerung der Durchschnittsweite um 1 cm bewirkt wird, muss die Weite des 20. Sprungs entsprechend 20 cm größer als die Durchschnittsweite 3,81 m sein, also 4,01 m.

L 1.102 (B) Die 3 Zahlen, deren geometrisches Mittel 3 ist, seien a, b, c, die 3 Zahlen, deren geometrisches Mittel 12 ist, d, e, f. Es gilt $\sqrt[3]{a \cdot b \cdot c} = 3$ und $\sqrt[3]{d \cdot e \cdot f} = 12$. Das geometrische Mittel aller 6 Zahlen ist dann
$$\sqrt[6]{a \cdot b \cdot c \cdot d \cdot e \cdot f} = \sqrt[2]{\sqrt[3]{a \cdot b \cdot c \cdot d \cdot e \cdot f}} = \sqrt[2]{\sqrt[3]{a \cdot b \cdot c} \cdot \sqrt[3]{d \cdot e \cdot f}} = \sqrt[2]{3 \cdot 12} = 6.$$

L 1.103 (D) Wir stellen die Koordinaten der Seitenmittelpunkte mithilfe der Koordinaten der Eckpunkte dar. Der Seitenmittelpunkt zwischen den Ecken $(a\,|\,b)$ und $(c\,|\,d)$ ist $\left(\frac{a+c}{2}\,\middle|\,\frac{b+d}{2}\right)$. Die anderen beiden sind analog $\left(\frac{c+e}{2}\,\middle|\,\frac{d+f}{2}\right)$ und $\left(\frac{e+a}{2}\,\middle|\,\frac{f+b}{2}\right)$. Addieren wir alle Koordinaten der Seitenmittelpunkte, so erhalten wir $\frac{a+c}{2} + \frac{b+d}{2} + \frac{c+e}{2} + \frac{d+f}{2} + \frac{e+a}{2} + \frac{f+b}{2} = a+b+c+d+e+f$, also die gesuchte Summe. Diese ist gleich $(-2) + 1 + 2 + (-1) + 3 + 2 = 5$.

Lösungsvariante: Da die Mittellinien im Dreieck jeweils zu einer der Dreiecksseiten parallel sind, können wir die Lösung auch zeichnerisch finden. Dazu zeichnen wir in ein Koordinatensystem das Seitenmittendreieck mit den gegebenen Eckpunkten und schieben jede der Seiten parallel in den jeweils dritten Eckpunkt. Die drei Parallelen schneiden sich

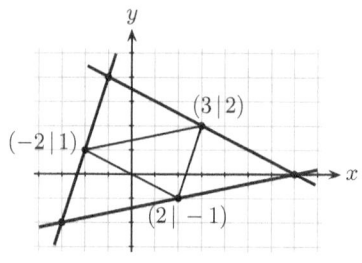

in den Eckpunkten des ursprünglichen Dreiecks, deren Koordinaten sich ablesen lassen: $(-3\,|-2)$, $(7\,|\,0)$ und $(-1\,|\,4)$. Für die gesuchte Summe erhalten wir daher $(-3) + (-2) + 7 + 0 + (-1) + 4 = 5$.

L 1.104 (D) Der Durchschnitt der verbliebenen $n-1$ Zahlen ist ganz sicher größer als oder gleich dem Durchschnitt der Zahlen $1, 2, 3, \ldots, n-1$, d.h., wenn die größte Zahl n gestrichen würde, und kleiner als oder gleich dem Durchschnitt der Zahlen $2, 3, 4, \ldots, n$, also wenn die kleinste Zahl 1 gestrichen würde. Da die Zahlen $1, 2, 3, \ldots, n-1$ bzw. $2, 3, 4 \ldots, n$ aufeinanderfolgende natürliche Zahlen sind, ist ihr Durchschnitt gleich dem Durchschnitt der jeweils größten und kleinsten Zahl, also $\dfrac{(n-1)+1}{2} = \dfrac{n}{2}$ bzw. $\dfrac{n+2}{2}$. Folglich gilt $\dfrac{n}{2} \leq 4{,}75 \leq \dfrac{n+2}{2}$ und somit $n \leq 9{,}5 \leq n+2$. Die einzigen natürlichen Zahlen, die diese Ungleichung erfüllen, sind $n=8$ und $n=9$.
Im ersten Fall wäre die gesuchte Zahl $(1+2+3+\ldots+8) - 4{,}75 \cdot 7 = 36 - 33{,}25 = 2{,}75$. Im zweiten Fall wäre sie $(1+2+3+\ldots+9) - 4{,}75 \cdot 8 = 45 - 38 = 7$. Da eine *natürliche* Zahl gestrichen wurde, muss $n=9$ gelten. Die gesuchte Zahl ist die 7. Wer sieht, dass $n-1$ wegen $4{,}75 \cdot (n-1) \in \mathbb{N}$ durch 4 teilbar sein muss, kann schneller auf $n=9$ schließen und die gestrichene Zahl wie angegeben berechnen.

2 Gleichungen, Ungleichungen und Funktionen

2.1 Lineare Gleichungen

Ganz ohne Variablen einfache lineare Gleichungen lösen

L 2.1 (B) Da wir vom Gleichstand der rechten Waage wissen, dass das kleine Huhn zusammen mit einem 1-kg-Gewicht genauso viel wiegt wie das große Huhn, können wir uns das große Huhn auf der linken Waage durch das kleine Huhn zusammen mit dem 1-kg-Gewicht ersetzt denken. Dann würden 2 kleine Hühner zusammen mit einem 1-kg-Gewicht 5 kg wiegen, die beiden kleinen Hühner allein also $5\,\text{kg} - 1\,\text{kg} = 4\,\text{kg}$. Ein kleines Huhn wiegt demzufolge 2 kg.

L 2.2 (B) Aufgrund der angebotenen Stückzahlen kauft der Hausmeister so viele Päckchen wie möglich mit den meisten Luftballons. Da $3 \cdot 25 = 75$ mehr ist als 70, sind 3 Päckchen mit 25 Stück nicht möglich. Aber 2 Päckchen sind möglich, denn $2 \cdot 25 = 50$. Für die $70 - 50 = 20$ Luftballons muss er andere Päckchen wählen, wieder möglichst groß. Mit $2 \cdot 10 = 20$, also 2 Zehnerpäckchen, kauft der Hausmeister insgesamt $2 + 2 = 4$ Päckchen.

L 2.3 (C) Aus der Spalte ganz rechts entnehmen wir, dass zu der 2 eine 9 addiert werden muss, um im Ergebnis 11 zu erhalten. In der Spalte ganz links muss also unter der 6 eine 9 stehen. Folglich gehört unter die 17 die Zahl $9 + 11 = 20$.

L 2.4 (C) Wenn 8 Orangen und 1 Melone genauso viel kosten wie 3 Melonen, dann hätten Zada und Silas auch gleich viel zu bezahlen, wenn jeder von ihnen eine Melone weniger kaufen würde. Es sind also 8 Orangen genauso teuer wie 2 Melonen. Und damit kostet von jedem die Hälfte auch wieder gleich viel, d.h., 4 Orangen kosten genauso viel wie eine Melone.

L 2.5 (D) In der Länge 157 m ist die Länge des Zuges zweimal enthalten und dazu die 45 m, die die Brücke länger ist als der Zug. Folglich ist der Zug halb so lang wie $157\,\text{m} - 45\,\text{m} = 112\,\text{m}$, also $112\,\text{m} : 2 = 56\,\text{m}$.

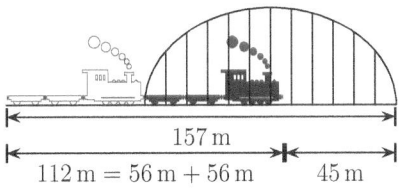

L 2.6 (E) Wir stellen uns vor, dass die Äpfel und Birnen auf einer Balkenwaage liegen. Nehmen wir von beiden Seiten der Waage eine Birne weg, so wiegen 4 Äpfel genauso viel wie 2 Birnen. Daher wiegen 2 Äpfel genauso viel wie eine Birne.

L 2.7 (A) Jan muss die $16 - 10 = 6$ Erdbeeren, die er mehr als jede seiner Schwestern gepflückt hat, gleichmäßig auf alle drei aufteilen. Dazu muss er jeder seiner Schwestern $6 : 3 = 2$ Erdbeeren abgeben.

L 2.8 (B) Außer Mesut waren neun Kinder beim Sackhüpfen dabei. Vor Mesut erreichten doppelt so viele das Ziel wie hinter ihm. Wir stellen uns vor, dass die neun Kinder in drei gleich große Gruppen aufgeteilt werden. Zwei der Gruppen sind vor Mesut ins Ziel gekommen, eine hinter ihm. Wegen $9 : 3 = 3$ sind drei Kinder hinter Mesut ins Ziel gekommen und vor ihm sechs Kinder. Mesut belegte beim Sackhüpfen den 7. Platz.

L 2.9 (B) Subtrahieren wir die 6 von der 30, so erhalten wir die Anzahl von Fragen, von denen Moritz genau die Hälfte richtig, die andere falsch beantwortet hat. Moritz hatte also $(30 - 6) : 2 + 6 = 18$ richtige Antworten.

L 2.10 (B) Da in Frau Schmidts Garten halb so viele blaue wie rote Ostereier hängen, gibt es für ein blaues Osterei immer 2 rote Ostereier – also ein rotes Osterei mehr. Da es insgesamt 4 rote Ostereier mehr als blaue gibt, sind es folglich 4 blaue und 8 rote Ostereier. Das sind insgesamt 12 Ostereier.

L 2.11 (A) Würde Claudio den Summanden 201 durch den Summanden 102 ersetzen, so wäre seine Summe um $201 - 102 = 99$ kleiner, also $777 - 99 = 678$.

L 2.12 (D) Da die größere Zahl auf 5 endet und da die Summe aus der größeren und der kleineren Zahl nach Voraussetzung auf 0 endet, muss auch die kleinere Zahl auf 5 enden. Daraus folgt, dass der Zehner der größeren Zahl ebenfalls 5 ist. Da die Summe 170 ist, muss die größere Zahl den Hunderter 1 haben und folglich 155 sein. Die kleinere Zahl ist dann 15, die gesuchte Differenz $155 - 15 = 140$.

L 2.13 (E) Familie Berg wandert von den insgesamt 70 Kilometern am Montag ein gewisses Stück. Am Dienstag wandert die Familie so viel wie am Montag plus 2 km. Am Mittwoch kommen weitere 2 km, also insgesamt 4 km zur Montagsstrecke dazu, am Donnerstag sind es $3 \cdot 2\,\text{km} = 6\,\text{km}$, die mehr als am Montag gewandert werden, am Freitag schließlich $4 \cdot 2\,\text{km} = 8\,\text{km}$ mehr als am Montag. Es wird also insgesamt 5-mal die Montagsstrecke plus $(2 + 4 + 6 + 8)\,\text{km} = 20\,\text{km}$ gewandert, was zusammen die geplanten 70 km sind. Dann sind die $70\,\text{km} - 20\,\text{km} = 50\,\text{km}$ gerade die 5-fache Montagsstrecke, welche folglich $50\,\text{km} : 5 = 10\,\text{km}$ beträgt. Am Donnerstag wandert Familie Berg also $10\,\text{km} + 6\,\text{km} = 16\,\text{km}$.
Lösungsvariante: Am Mittwoch, dem 3. der 5 Tage, wandert die Familie genau die durchschnittliche Strecke. Das sind $\frac{70\,\text{km}}{5} = 14\,\text{km}$. Am Donnerstag wandern sie 2 km mehr, also 16 km.

2.1 Lineare Gleichungen

L 2.14 (B) Mithilfe der Antwortmöglichkeiten können wir berechnen, wie weit Herbert und Gerlinde nach 10 Sprüngen, 11 Sprüngen usw. gelangen. Herbert ist zum Beispiel nach 10 Sprüngen $10 \cdot 6 = 60$ Meter weit gesprungen, Gerlinde $1 + 2 + \ldots + 10 = 55$ Meter. Bei 11 Sprüngen ergibt sich dieselbe Weite, und damit ist die Antwort gefunden.
Lösungsvariante: Da Gerlinde zu Beginn kürzere Sprünge als Herbert macht, aber gleichzeitig mit ihm ins Ziel hüpft, muss sie auch Sprünge machen, die länger sind als die von Herbert. Mit dem 7-Meter-Sprung und dem 5-Meter-Sprung legt sie dieselbe Strecke zurück wie Herbert mit zwei 6-Meter-Sprüngen. Genauso gleicht ein 8-Meter-Sprung den 4-Meter-Sprung aus, ein 9-Meter-Sprung den 3-Meter-Sprung, ein 10-Meter-Sprung den 2-Meter-Sprung und ein 11-Meter-Sprung den 1-Meter-Sprung. Nach 11 Sprüngen stimmen beide Entfernungen dann überein. Vom Start zum Ziel sind es $11 \cdot 6 = 66$ Meter.

L 2.15 (D) Durch Vergleich der beiden Ansichten des Dosenstapels finden wir, dass Josef folgende Dosen getroffen hat: [3][8][2][3][4]. Das sind nur 5 Dosen, die oberste Dose im 15-Dosen-Stapel fehlt. Die Summe der Zahlen auf den 5 Dosen ist $3 + 8 + 2 + 3 + 4 = 20$. Da Josef 25 Punkte erzielt hat, muss die fehlende Dose 5 Punkte gebracht haben. Nun können wir ausrechnen, wie viele Punkte Mila erzielt hat. Sie hat die folgenden Dosen getroffen: [8][4][9][5]. Damit hat sie $8 + 4 + 9 + 5 = 26$ Punkte erzielt.
Lösungsvariante: Wir zählen für beide die Punkte der Dosen, die nach dem Werfen stehengeblieben sind, zusammen. Bei Josef sind es 55, bei Mila 54 Punkte, also ein Punkt weniger als bei Josef. Somit hat Mila einen Punkt mehr erzielt als Josef, und das sind 26 Punkte.

L 2.16 (B) Das Taxi überholt all die Busse, die noch mehr als 35 Minuten unterwegs sind. Da jeder Bus 60 Minuten unterwegs ist, sind das die Busse, die vor höchstens $60 - 35 = 25$ Minuten losgefahren sind. Da die Busse im 3-Minuten-Takt fahren und das Taxi 2 Minuten nach Abfahrt eines Busses losgefahren ist, sind das genau die Busse, die vor 2, vor 5, vor 8, vor 11, vor 14, vor 17, vor 20 und vor 23 Minuten losgefahren sind. Das Taxi überholt folglich 8 Busse.

L 2.17 (E) Wir bezeichnen die Masse des 20. und des 21. Waggons mit a bzw. b, die des 19. Waggons mit x, die des 22. mit y. Die $6 \cdot 3 = 18$ Waggons vor dem 19. Waggon wiegen ebenso wie die 18 Waggons hinter dem 22. Waggon jeweils $6 \cdot 430\,\text{t}$, also insgesamt $12 \cdot 430\,\text{t} = 5160\,\text{t}$. Die Masse der vier mittleren Waggons ist also $5700\,\text{t} - 5160\,\text{t} = 540\,\text{t} = x + a + b + y$, und wir können wegen $(x + a + b) + (a + b + y) = 430\,\text{t} + 430\,\text{t} = 860\,\text{t}$ für die gesuchte Masse $a + b = 860\,\text{t} - 540\,\text{t} = 320\,\text{t}$ errechnen.

Proportionen

L 2.18 (C) Mit 4 Beinen und einem Rüssel hat jeder Elefant 3 Beine mehr als er Rüssel hat. Dann haben 2 Elefanten $2 \cdot 3 = 6$ Beine mehr als sie Rüssel haben, 3 Elefanten $3 \cdot 3 = 9$ Beine mehr als Rüssel usw. Wir setzen das fort und finden, dass 6 Elefanten $6 \cdot 3 = 18$ Beine mehr als Rüssel haben. Im Zoo sind 6 Elefanten.

L 2.19 (A) Aus den Getränkespendern wurden unterschiedlich viele, jeweils gleich große Einheiten entnommen, in (**A**) 3, in (**B**) 8, in (**C**) 6, in (**D**) 1 und in (**E**) 5 Einheiten. Die einzigen beiden entnommenen Mengen, bei der die eine doppelt so groß ist wie die andere, gehören zu den Getränkespendern (**A**) und (**C**). Das sind der Kakao-Spender und der Apfelsaft-Spender. Da weniger Apfelsaft getrunken wurde als Kakao, ist der Apfelsaft im Getränkespender (**A**).

L 2.20 (B) Wenn Claas seinen Fidget Spinner t Sekunden dreht, dann dreht Mark $3t$ Sekunden, nämlich dreimal so lange wie Claas. Da Lilly halb so lange dreht wie Mark, dreht sie $1{,}5t$ Sekunden, also eineinhalbmal so lange wie Claas.

L 2.21 (A) Die 30 Schokoladenstückchen der gemeinsam gekauften Tafel kosten 150 Cent. Somit kostet ein Stückchen 150 Cent : 30 = 5 Cent. Dann stehen Angelo, der 20 Cent beigesteuert hat, also 4 Stückchen zu.

L 2.22 (A) Tims Bruder ist in Wirklichkeit $87 \cdot 2\,\text{cm} = 174\,\text{cm} = 1{,}74\,\text{m}$ groß.

L 2.23 (A) Diese Aufgabe kann gut mithilfe einer Gleichung gelöst werden. Dazu bezeichnen wir mit d die Länge, um die sich aufeinanderfolgende Bretter unterscheiden. Nach Aufgabenstellung gilt
$$((184\,\text{cm} - 2d) + (184\,\text{cm} - d) + 184\,\text{cm} + (184\,\text{cm} + d)) : 4 = 178\,\text{cm},$$
und durch äquivalentes Umformen folgt $d = 12\,\text{cm}$. Die Länge des kürzesten Bretts beträgt $184\,\text{cm} - 2 \cdot 12\,\text{cm} = 160\,\text{cm}$.

L 2.24 (B) Da B sich 6-mal dreht, wenn C genau 7 volle Runden vollführt, ist der 6-fache Umfang von B gleich dem 7-fachen Umfang von C. Mit anderen Worten: Der Umfang von B ist genau $\frac{7}{6}$ des Umfangs von C. Weil der Umfang eines Kreises gleich dem π-fachen seines Durchmessers ist, ist auch der Durchmesser von B genau $\frac{7}{6}$ des Durchmessers von C, also $\frac{7}{6} \cdot 30\,\text{cm} = 35\,\text{cm}$. Analog ist der Durchmesser von A genau $\frac{4}{5}$ des Durchmessers von B, also $\frac{4}{5} \cdot 35\,\text{cm} = 28\,\text{cm}$.

2.1 Lineare Gleichungen

L 2.25 (E) Mira läuft dreimal so schnell wie Jonathan schwimmt. Daher legt sie in derselben Zeit, in der Jonathan 6 Bahnen schwimmt, die dreifache Entfernung zurück, also $3 \cdot 6 \cdot 25\,\text{m} = 450\,\text{m}$. Weil Mira in dieser Zeit das Becken 5-mal umrundet, ist der Beckenumfang gleich $450\,\text{m} : 5 = 90\,\text{m}$. Folglich ist das Becken $(90\,\text{m} - 2 \cdot 25\,\text{m}) : 2 = 20\,\text{m}$ breit.

L 2.26 (E) Nach 3 Stunden ist die erste Kerze genau zur Hälfte abgebrannt. Daher sind die beiden Kerzenreste nun $35\,\text{cm} : 2 = 17{,}5\,\text{cm}$ hoch. Der Rest der zweiten Kerze brennt $8 - 3 = 5$ Stunden. In einer Stunde brennt die zweite Kerze also $17{,}5\,\text{cm} : 5 = 3{,}5\,\text{cm}$ nieder. Da ihre gesamte Brenndauer 8 Stunden beträgt, war sie vor dem Anzünden $3{,}5\,\text{cm} \cdot 8 = 28\,\text{cm}$ hoch.

L 2.27 (C) Wir bezeichnen die Beträge von Selmas und Naomis Erspartem mit s bzw. n. Vor dem Kauf der Kopfhörer galt $\frac{s}{n} = \frac{5}{3}$. Nach dem Kauf gilt nun $\frac{s - 32\,\text{€}}{n} = \frac{3}{5}$, das heißt $s - 32\,\text{€} = \frac{3}{5}n$. Aus der ersten Gleichung folgt $n = \frac{3}{5}s$, womit wir aus der zweiten $s - 32\,\text{€} = \frac{3}{5} \cdot \frac{3}{5}s = \frac{9}{25}s$ erhalten. Also gilt $\frac{16}{25}s = 32\,\text{€}$ bzw. $s = 50\,\text{€}$. Selma hat $50\,\text{€} - 32\,\text{€} = 18\,\text{€}$ übrig.

L 2.28 (E) Wir bezeichnen die längere Seite des schwarzen Rechtecks mit a und die kürzere mit b. Dann ist laut Aufgabenstellung die längere Seite der Fahne $\frac{5}{3}a$ lang. Da alle vier Stoffstücke der Fahne denselben Flächeninhalt haben, beträgt der Flächeninhalt A_S des schwarzen Rechtecks ein Viertel des Flächeninhalts des Fahnen-Rechtecks, also $A_S = \frac{1}{4} \cdot a \cdot \frac{5}{3}a = \frac{5}{12}a^2$. Da $A_S = a \cdot b$ gilt, erhalten wir $a \cdot b = \frac{5}{12}a^2$, woraus nach Teilen durch a^2 dann $\frac{b}{a} = \frac{5}{12}$ folgt. Das gesuchte Verhältnis ist $5 : 12$.

Gleichungen mit Prozenten

L 2.29 (E) Da am Teamlauf $35\,\%$ Frauen teilnahmen, waren $100\,\% - 35\,\% = 65\,\%$ der Teilnehmenden Männer. Also entsprechen die 252 Männer, die es mehr als Frauen waren, $65\,\% - 35\,\% = 30\,\%$ aller Teilnehmenden. Für die Anzahl x aller Teilnehmenden ergibt sich daraus $\frac{30}{100}x = 252$, also $x = \frac{252 \cdot 10}{3} = 840$. Es haben insgesamt 840 Frauen und Männer an diesem Teamlauf teilgenommen.

L 2.30 (**A**) Die Säcke, die nicht zu den beiden leichtesten und nicht zu den drei schwersten gehören, machen $100\% - 25\% - 60\% = 15\%$ der Gesamtmasse aus. Der leichteste aller Säcke macht sicher weniger als $25\% : 2 = 12{,}5\%$ der Gesamtmasse aus und der zweitleichteste sicher mehr als $12{,}5\%$. Folglich machen auch alle anderen Säcke sicher mehr als $12{,}5\%$ der Gesamtmasse aus.
Da bereits $2 \cdot 12{,}5\% = 25\% > 15\%$ ist, können die 15% der Gesamtmasse, die nicht in den Rechnungen des Gesellen vorkommen, nur dem Gewicht eines einzelnen Sacks entsprechen, also dem Gewicht des drittleichtesten Sacks. Der viertleichteste gehört bereits zu den drei schweren Säcken. Also hat der Bäcker genau 6 Säcke Mehl geholt. Ihr Anteil an der Gesamtmasse ist nicht eindeutig bestimmt, es könnten zum Beispiel 11%, 14%, 15%, 16%, 18% und 26% sein.

L 2.31 (**A**) Wir bezeichnen mit t die Zeit, die Josip für die 4-Punkt-Aufgaben verwendet hat. Für die 3-Punkt-Aufgaben hat er 15% weniger Zeit verwendet, also $\frac{85}{100}t$. Für die 5-Punkt-Aufgaben hat er 90% mehr Zeit verwendet, also $\frac{190}{100}t$. Insgesamt hat Josip 75 Minuten gearbeitet und wir erhalten:

$$75\,\text{min} = \frac{85}{100}t + t + \frac{190}{100}t = \frac{85+100+190}{100}t = \frac{375}{100}t = \frac{75}{20}t$$

Daraus folgt $t = 20\,\text{min}$. Josip hat an den 5-Punkt-Aufgaben $\frac{190}{100} \cdot 20\,\text{min} = 38\,\text{min}$ gearbeitet.

L 2.32 (**A**) Der ursprüngliche Preis des zweiten Smartphones sei q Euro. Beim Kauf des ersten Smartphones würde Kostas 10% von p Euro sparen. Dieser Betrag entspricht genau 15% von q Euro, den er beim zweiten Smartphone sparen würde. Also gilt $\frac{10}{100}p = \frac{15}{100}q$ und damit $q = \frac{10}{15}p = \frac{2}{3}p$.

L 2.33 (**A**) Vom Speicherplatz der Videos sind $100\% - 65\% = 35\%$ mit privaten Videos belegt. Jolitas Lieblingsserie belegt also $\frac{65\%}{35\%} = \frac{13}{7}$-mal so viel Speicherplatz wie ihre privaten Videos. Da von der gesamten Festplatte 7% des Speicherplatzes mit privaten Videos belegt sind, sind $\frac{13}{7} \cdot 7\% = 13\%$ der Festplatte mit Jolitas Lieblingsserie belegt.

L 2.34 (**E**) Wir bezeichnen mit x den Betrag, den Penny für die Standuhr bezahlen musste, und mit y den Betrag, den Penny für die Armbanduhr bezahlen musste. Dann wissen wir, dass Penny für die Standuhr $1{,}4x$, für die Armbanduhr $1{,}6y$ und insgesamt $1{,}54(x+y)$ bekommen hat. Also gilt $1{,}4x + 1{,}6y = 1{,}54(x+y)$ bzw. $0{,}06y = 0{,}14x$. Somit ist $y = \frac{0{,}14}{0{,}06} \cdot x = \frac{7}{3} \cdot 120\,€ = 280\,€$.

2.2 Gleichungssysteme

L 2.35 (**A**) Die 36 Kinder des Schulchores teilen sich auf in eine Hälfte der Mädchen, die mit einem Mädchen auf der Bank sitzt, eine Hälfte der Mädchen, die mit einem Jungen die Bank teilen und ebenso viele Jungen. Es gibt also 3 gleich große Teile, von denen einer aus allen Jungen besteht. Folglich gibt es 36 : 3 = 12 Jungen im Chor.
Lösungsvariante: Wir stellen ein Gleichungssystem auf. Mit j sei die Zahl der Jungen, mit m die der Mädchen bezeichnet. Wir wissen (I) $j + m = 36$ und (II) $j = \frac{1}{2}m$ bzw. $2j = m$. Setzen wir (II) in (I) ein, erhalten wir $j + 2j = 36$, woraus wieder $j = 12$ folgt.

L 2.36 (**B**) Wenn wir alle Punkte, die Julian gemacht hat, für Charlottes Team zählen, ändert sich die Punktedifferenz der beiden Teams aus Charlottes Sicht von -5 zu $+7$, also um 12 Punkte. Jeder der Punkte, die Julian gemacht hat, bewirkt eine Änderung der Punktedifferenz um 2, da wir ihn bei Julians Team abziehen und bei Charlottes Team dazuzählen. Julian hat also 12 : 2 = 6 Punkte erzielt.
Lösungsvariante: Bezeichnen wir die Punkte, die Julians Team erzielt hat, mit T_J, die von Charlottes Team mit T_C und die, die Julian selbst erzielt hat, mit j, so gilt (I) $T_J = T_C + 5$ und (II) $T_J - j + 7 = T_C + j$. Wir formen äquivalent um zu (I) $T_J - T_C = 5$, setzen dies in die ebenfalls umgeformte Gleichung (II) $T_J - T_C = 2j - 7$ ein und erhalten $5 = 2j - 7$, also $j = 6$.

L 2.37 (**B**) Die 5 Lösungsvorschläge durchzuprobieren, ist bei dieser Aufgabe eine gute Strategie. Wir beginnen mit (**A**): Hätte Marla 8 Tische bekommen, dann hätte sie laut Aufgabenstellung $8 \cdot 4 - 6 = 26$ Stühle dazu. Nach dem Zusammenstellen von je 2 Tischen hat sie 4 Tische mit je 6 Stühlen und 4 Stühle zu viel, das sind $4 \cdot 6 + 4 = 28$ Stühle und nicht 26. (**A**) ist also falsch. Mit 10 Tischen finden wir, dass $10 \cdot 4 - 6 = (10 : 2) \cdot 6 + 4 = 34$ gilt. (**B**) ist also die Lösung, denn nach den Regeln des Känguru-Wettbewerbs gibt es stets genau eine richtige Antwort.
Lösungsvariante: Wir bezeichnen mit t die Zahl der Tische, mit s die der Stühle. Dann wissen wir (I) $4t = s + 6$ und (II) $\frac{6}{2}t = s - 4$. Durch Einsetzen von (II) in (I) finden wir $4t = 3t + 10$ bzw. $t = 10$.

L 2.38 (**C**) Wir stellen uns vor, dass wir von jedem Foto, das wie in Bild 1 hängt, 2 Nadeln entfernen, und außerdem die 2 Nadeln ganz rechts in der Reihe Fotos, die wie in Bild 2 hängen. Nun befinden sich pro Foto genau 2 Nadeln an der Pinnwand, also insgesamt $21 \cdot 2 = 42$ Nadeln, da es 21 Fotos sind. Wir haben also $74 - 42 = 32$ Nadeln entfernt. Davon waren 2 Nadeln aus der Reihe Fotos, die wie in Bild 2 hängen. Die restlichen $32 - 2 = 30$ Nadeln haben wir von den Fotos, die wie in Bild 1 hängen, entfernt, und zwar von jedem 2. Demzufolge hängen $30 : 2 = 15$ Fotos wie in Bild 1.

Lösungsvariante: Mit a bezeichnen wir die Anzahl der Fotos, die wie im Bild 1 angepinnt sind, mit b die Anzahl der Fotos, die wie im Bild 2 angepinnt sind. Dann gilt (I) $a + b = 21$ und (II) $4a + (2b + 2) = 74$, und es führt (II) $- 2 \cdot$ (I) zu der Gleichung $2a + 2 = 32$, woraus sich $a = 15$ errechnet.

L 2.39 (D) Die erste Gleichung ist äquivalent zu $x + y = 7$. Die zweite Gleichung können wir mithilfe der 3. binomischen Formel schreiben als $(x + y)(x - y) = 21$. Wenn wir in diese $x + y = 7$ einsetzen, erhalten wir $7(x - y) = 21$, also $x - y = 3$.
Lösungsvariante: Wir stellen die erste Gleichung nach x um, $x = 7 - y$, und setzen in die zweite ein, $(7 - y)^2 - y^2 = 21$. Durch äquivalentes Umformen erhalten wir $14y = 28$, also $y = 2$. Daraus ergibt sich $x = 5$ und schließlich $x - y = 3$.

L 2.40 (D) Sei F das Freigepäck in kg und K die Kosten für 1 kg Übergepäck in Euro. Dann gelten (I) $(60 - 2F) \cdot K = 112$ und (II) $(60 - F) \cdot K = 296$. Jeweils nach K umgestellt erhalten wir durch Gleichsetzen $\dfrac{112}{60 - 2F} = \dfrac{296}{60 - F}$, woraus sich $F = 23$ ergibt. Jeder Fluggast hat 23 kg Freigepäck.

L 2.41 (D) Wir bezeichnen die fünf Zahlen mit a, b, c, d, e und betrachten die vier Summen $a+b$, $a+c$, $a+d$ und $a+e$. Da Peter nur *drei verschiedene* Ergebnisse erhalten hat, müssen zwei dieser vier Summen und somit mindestens zwei der fünf Zahlen an der Tafel gleich sein. Wählt Peter zwei gleiche Zahlen als Summanden, dann erhält er eine geradzahlige Summe, was nur die 70 sein kann. Also kommt die 35 unter den 5 Zahlen vor, und zwar mindestens zweimal. Da Peter Summen verschieden von 70 erhalten hat, ist sicher, dass nicht fünfmal die 35 an der Tafel steht. Dabei treten Zahlen, die ungleich 35 sind, nicht mehrfach auf, da es keine geradzahlige Summe außer 70 gibt. Wäre nur eine der Zahlen verschieden von 35, hätte Peter nur zwei verschiedene Summen erhalten. Also gibt es mindestens zwei von 35 verschiedene Zahlen x und y an der Tafel und es gilt $35 + x = 57$ und $35 + y = 83$ (oder umgekehrt). An der Tafel stehen also die Zahlen $57 - 35 = 22$ und $83 - 35 = 48$, ihre Summe $22 + 48 = 70$ ist eines von Peters Ergebnissen. Wäre die fünfte Zahl z größer als 48, so wäre $48 + z > 2 \cdot 48 = 96 > 83$. Also ist die größte Zahl an der Tafel 48.
Für die fünfte Zahl z kann nur $22 + z = 57$, $35 + z = 70$ und $48 + z = 83$ gelten, also $z = 35$. An der Tafel stehen die Zahlen 22, 35, 35, 35 und 48.

L 2.42 (A) Es seien mit r_A, r_B, r_C, r_D und r_E die Radien der Kreise um A, B usw. bezeichnet. Dann gelten folgende fünf Gleichungen: (I) $r_A + r_B = 16$, (II) $r_B + r_C = 14$, (III) $r_C + r_D = 17$, (IV) $r_D + r_E = 13$ und (V) $r_E + r_A = 14$.

Wir subtrahieren (I) von (II) und erhalten $r_C = r_A - 2$. Wir subtrahieren (V) von (IV) und erhalten $r_D = r_A - 1$. Addieren wir diese beiden Gleichungen, erhalten wir $r_C + r_D = 2 \cdot r_A - 3$. Dies eingesetzt in (III) ergibt $17 = 2 \cdot r_A - 3$ bzw. $r_A = 10$. Damit können wir alle Radien ausrechnen: $r_B = 6$, $r_C = 8$, $r_D = 9$ und $r_E = 4$. r_A ist am größten.

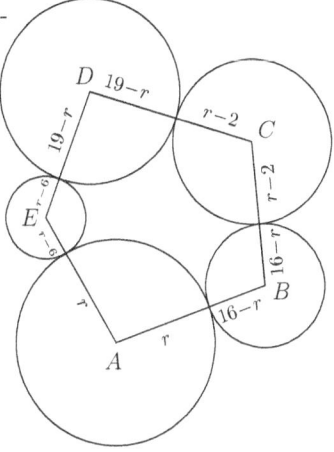

Lösungsvariante: Wir zeichnen um jeden der 5 Eckpunkte einen Kreis und bezeichnen den Radius des Kreises um A mit r. Wir berechnen der Reihe nach die Radien der anderen Kreise in Abhängigkeit von r.
Weil die Fünfeckseite $\overline{AB}$ die Länge 16 hat, hat der Kreis um B den Radius $16 - r$.
Analog hat der Kreis um C den Radius
$$14 - (16 - r) = r - 2,$$
der Kreis um D den Radius
$$17 - (r - 2) = 19 - r,$$
und der Kreis um E den Radius
$$13 - (19 - r) = r - 6.$$
Weil die Fünfeckseite $\overline{EA}$ die Länge 14 hat, gilt $(r - 6) + r = 14$, woraus $r = 10$ folgt.
Damit können wir nun auch die Radien der Kreise um die Punkte B, C, D und E berechnen: $16 - r = 6$, $r - 2 = 8$, $19 - r = 9$ bzw. $r - 6 = 4$. Der größte Kreis, den Alma konstruiert, ist also der Kreis um den Eckpunkt A.

2.3 Einige nichtlineare Gleichungen

L 2.43 (E) Nach der 2. binomischen Formel gilt $x^2 - 8x + 16 = (x - 4)^2 = 0$. Also muss $x = 4$ sein und $x + \dfrac{16}{x} = 4 + \dfrac{16}{4} = 8$.
Lösungsvariante: Wir teilen die Gleichung durch x (x kann nicht gleich 0 sein). So erhalten wir $x - 8 + \dfrac{16}{x} = 0$ bzw. $x + \dfrac{16}{x} = 8$.

L 2.44 (D) Es seien x_1 und x_2 die beiden Lösungen der quadratischen Gleichung, es gelte also insbesondere $x_1^2 - x_1 - 2018 = 0$ bzw. $x_1^2 = x_1 + 2018$. Daraus folgt $x_1^2 + x_2 = (x_1 + 2018) + x_2 = (x_1 + x_2) + 2018$. Nach dem Satz von Vieta ist $x_1 + x_2 = 1$, woraus $x_1^2 + x_2 = 2019$ folgt.
Lösungsvariante: Wir berechnen mithilfe der Lösungsformel für quadratische Gleichungen die beiden Lösungen und bestimmen daraus das Gesuchte. Dabei ist es egal, welche Lösung x_1, welche x_2 genannt wird.

L 2.45 (C) Es ist $a + \dfrac{b}{c} = 11$ und $b + \dfrac{a}{c} = 14$. Wir addieren diese beiden Gleichungen und erhalten:

$$\left(a + \frac{b}{c}\right) + \left(b + \frac{a}{c}\right) = a + b + \frac{a+b}{c} = (a+b) \cdot \left(1 + \frac{1}{c}\right) = 11 + 14 = 25$$

Daraus ergibt sich $a + b = 25 \cdot \dfrac{c}{c+1}$. Da a, b und c natürliche Zahlen sind, ist $c+1$ ein Teiler von 25, also 1, 5 oder 25, und c folglich 0, 4 oder 24.
Subtrahieren wir die 1. von der 2. Gleichung, so erhalten wir

$$\left(b + \frac{a}{c}\right) - \left(a + \frac{b}{c}\right) = b - a - \frac{b-a}{c} = (b-a) \cdot \left(1 - \frac{1}{c}\right) = 14 - 11 = 3$$

Damit ist $b - a = 3 \cdot \dfrac{c}{c-1}$. Da a, b und c natürliche Zahlen sind, ist $c - 1$ ein Teiler von 3, also gleich 1 oder 3. Damit ist c gleich 4.
Aus der Gleichung $a + b = 25 \cdot \dfrac{c}{c+1}$ folgt $\dfrac{a+b}{c} = \dfrac{25}{c+1} = 5$.

2.4 Größer oder kleiner? – Ungleichungen

L 2.46 (B) Durch Vergleichen der Schüsseln Q und R bzw. S und T sehen wir, dass △ leichter als ◯ ist. Daher sind zwei △ von Schüssel Q leichter als ein △ und ein ◯ von Schüssel Z und diese wiederum leichter als zwei ◯ von Schüssel R.

L 2.47 (D) Wäre das leichteste Paket 9 kg schwer oder schwerer, so würden die drei Pakete zusammen mindestens 9 kg + 10 kg + 11 kg = 30 kg wiegen, also zu viel. Das leichteste Paket kann 8 kg schwer sein, die beiden anderen Pakete bringen dann 9 kg und 11 kg auf die Waage.

L 2.48 (B) Da das 18. Abteil im 3. Waggon ist, hat jeder Waggon höchstens 8 Abteile. (Bei 9 Abteilen in jedem Waggon wäre das 18. Abteil im 2. Waggon.) Da das 50. Abteil im 7. Waggon ist, muss jeder Waggon mindestens 8 Abteile haben, da bei nur 7 Abteilen in jedem Waggon das 50. Abteil im 8. Waggon wäre. Da also jeder Waggon gleichzeitig mindestens als auch höchstens 8 Waggons hat, ist die richtige Antwort (**B**).

2.4 Größer oder kleiner? – Ungleichungen

Lösungsvariante: Wir bezeichnen mit A die Anzahl der Abteile pro Waggon. Da Johanna im 50. Abteil im 7. Waggon sitzt, gilt $6A < 50 \leq 7A$. Das formen wir um zu $\frac{50}{7} \leq A < \frac{50}{6}$, und da $\frac{50}{7} > 7$ und $\frac{50}{6} < 9$, erhalten wir $7 < A < 9$. Folglich ist $A = 8$ (und wir haben nicht benutzt, dass Mike im 18. Abteil sitzt).

L 2.49 (**B**) Da p und q positiv sind und $p < 1$ und $q > 1$ gilt, gelten die folgenden Ungleichungen: $\frac{p}{q} < p < p \cdot q < q < p + q$. Am größten ist somit $p + q$.

L 2.50 (**D**) Aus $a + 2 = b - 2$ folgt $b = a + 4 > a$ und aus $c \cdot 2 = d : 2$ folgt $d = 4 \cdot c > c$, weil $c \geq 1$ ist. Nun müssen wir noch b und d vergleichen. Weil $a \geq 1$ ist, gilt $b = a+4 \geq 1+4 = 5$, und es folgt $d = 2 \cdot (b-2) = b+b-4 \geq b+5-4 > b$. Damit ist d die größte der vier Zahlen.

L 2.51 (**C**) Da Levin bereits mehr Stimmen als Marie hat, genügt es, sich zu überlegen, wie viele Stimmen Henja braucht, um sicher mehr Stimmen als Levin zu erreichen. Nach Bekanntwerden des Zwischenstandes ist klar, dass Henja und Levin zusammen maximal $30 - 3 = 27$ Stimmen erhalten können, denn 3 Stimmen entfallen auf Marie. Sobald Henja 14 Stimmen erreicht, hat sie sicher mehr als Levin. Dazu fehlen Henja noch $14 - 9 = 5$ Stimmen.

L 2.52 (**E**) Tauschen **1** und **2** die Plätze, wie in (**A**) vorgeschlagen, so würde sich nur die kleine linke Schale wie im Bild rechts neigen, nicht aber die ganze Waage. Tauschen **2** und **4** die Plätze, wie in (**B**) vorgeschlagen, ist die leichtere der beiden nach dem Tausch ganz sicher wieder die leichtere der beiden Mäuse auf einer der kleinen Waagschalen. Also bleibt von den kleinen Waagschalen mindestens eine in der Stellung, die sie vor dem Auftauchen des Katers hatte. Tauschen **2** und **3** die Plätze, wie in (**C**) vorgeschlagen, so ändert sich an der Neigung der ganzen Waage ganz sicher nichts, denn **1** und **3** sind zusammen schwerer als **2** und **4** zusammen. Und tauschen **1** und **3** die Plätze, wie in (**D**) vorgeschlagen, so bleibt in Analogie zu (**B**) mindestens eine der kleinen Waagschalen so geneigt wie vor dem Auftauchen des Katers. Nur wenn **1** und **4** getauscht wurden, kann die Waage so wie im rechten Bild geneigt sein.

L 2.53 (**C**) Da a, b, c, d, e positiv, ganzzahlig und verschieden sind, folgt aus der 1. Gleichung $b < c$ und $e < c$, aus der 2. Gleichung $a < d$ und $b < d$ sowie aus der 3. Gleichung $a < e$ und $d < e$. Da es zu jeder der vier Zahlen b, e, a und d eine größere unter den fünf Zahlen gibt, kann nur c die größte der fünf Zahlen sein. Ein Beispiel ist $a = 1, b = 2, c = 8, d = 3, e = 4$.

L 2.54 (**A**) Es ist leicht zu sehen, dass $w > \sqrt{20} > \sqrt{16} = 4$ gilt. Desweiteren gilt

$$w = \sqrt{20 + \sqrt{20 + \sqrt{20 + \sqrt{20 + \sqrt{20}}}}} < \sqrt{20 + \sqrt{20 + \sqrt{20 + \sqrt{20 + \sqrt{25}}}}}$$

$$= \sqrt{20 + \sqrt{20 + \sqrt{20 + \sqrt{25}}}} = \sqrt{20 + \sqrt{20 + \sqrt{25}}} = \sqrt{20 + \sqrt{25}} = 5.$$

Zusammen erhalten wir $4 < w < 5$.

L 2.55 (**E**) Zunächst vereinheitlichen wir die Ungleichungen und ordnen sie neu:

(4) $z > 205$ (1) $z > 65$ (3) $z > 16\frac{2}{3}$ (5) $z > 15$ (2) $z < 200$

Nun sehen wir: Wenn (4) richtig ist, dann sind auch (1), (3) und (5) richtig. Da aber nur zwei der Ungleichungen richtig sind, ist (4) falsch. Aus dem gleichen Grund ist (1) falsch. Somit gilt $z \leq 65$, also insbesondere $z < 200$, weshalb (2) wahr ist. Von den Ungleichungen (3) und (5) ist daher nur eine richtig. Folglich ist (3) falsch und (5) richtig. Die beiden gesuchten richtigen Ungleichungen sind (2) und (5). Da z eine ganze Zahl ist, lässt sich daraus, dass (5) richtig und (3) falsch ist, sogar eindeutig schließen, dass $z = 16$ gilt.

2.5 Funktionen und ihre Graphen

L 2.56 (**E**) Im Säulendiagramm ist zu erkennen, dass die größte Säule kleiner ist als die anderen drei zusammen. Also können (**A**) und (**D**) nicht die Lösung sein. Außerdem sind die vier Säulen verschieden hoch, womit auch (**B**) und (**C**) entfallen. (**E**) zeigt das entsprechende Kreisdiagramm.

L 2.57 (**A**) Die Methode der Wahl ist hier, ein Koordinatensystem zu skizzieren und die Punkte ordentlich einzuzeichnen. Dann ist klar zu erkennen, dass der Punkt P nicht mit drei der anderen Punkte ein Quadrateckpunkt ist. Würde die Lage einen der Punkte nicht so eindeutig als Eckpunkt ausschließen, hätte gerechnet werden müssen, welche der möglichen Geraden, die von den fünf Punkten gebildet werden, zueinander parallel sind und ggf. noch, falls zwei dieser Geraden zusammenfallen, welche Entfernungen die entsprechenden Punkte dann zueinander haben.

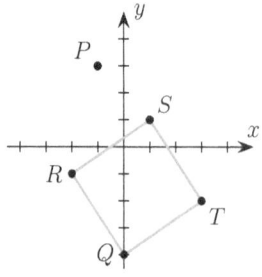

L 2.58 (**C**) Durch Spiegelung an der Geraden $y = x$ entsteht das richtige Diagramm. Das ist (**C**).

L 2.59 (C) Wenn wir die Gerade mit der Gleichung $y = -1{,}5x + 2$ in das Koordinatensystem einzeichnen, sehen wir, dass der III. Quadrant keine Punkte der Geraden enthält. *Lösungsvariante:* Es lässt sich auch unmittelbar aus der Betrachtung der Geradengleichung schließen, dass für negative x-Werte die zugehörigen y-Werte stets positiv sind, der III. Quadrant also nicht passiert wird.

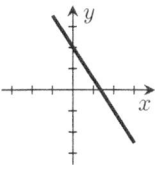

L 2.60 (B) Für das Lösen dieser Aufgabe ist eine Skizze der Graphen von g_1, g_2, g_3, g_4, g_5 und f hilfreich.

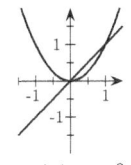 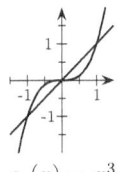 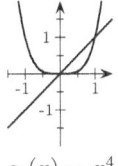 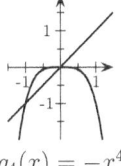 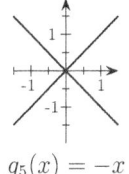

$g_1(x) = x^2 \qquad g_2(x) = x^3 \qquad g_3(x) = x^4 \qquad g_4(x) = -x^4 \qquad g_5(x) = -x$

Der Graph von f schneidet offensichtlich alle fünf Graphen in $(0|0)$, die Graphen von g_1, g_2 und g_3 außerdem in $(1|1)$ und die Graphen von g_2 und g_4 zudem in $(-1|-1)$. Die meisten Schnittpunkte hat der Graph von f mit dem Graph von g_2.

L 2.61 (D) Wir zeichnen die Graphen der beiden Funktionen in ein Koordinatensystem und können 14 Gebiete zählen, davon 6 beschränkte und 8 unbeschränkte. Da die Funktionen f und g sowie die x-Achse und die y-Achse symmetrisch zur y-Achse liegen, reicht es aus, die Gebiete auf der linken oder auf der rechten Seite zu zählen.

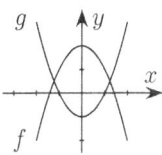

L 2.62 (C) Auf den Bildern sind insgesamt drei *verschiedene* Nullstellen zu sehen. Da der Graph einer quadratischen Funktion höchstens zwei Nullstellen hat, gehört entweder (A), (C) oder (E) zu einer anderen Funktion. Aus den Bildern ist zu erkennen, dass der Graph nach oben geöffnet ist. Aus diesem Grund sind die Funktionswerte links der linken Nullstelle und rechts der rechten Nullstelle positiv. Die am weitesten rechts gezeigte Nullstelle ist bei (C) zu sehen, aber rechts von dieser Nullstelle sind die Funktionswerte negativ. Also gehört (C) zu einer anderen Funktion.

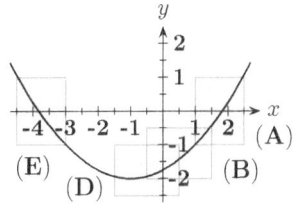

L 2.63 (D) Der Anstieg der Kurve nimmt mit der Zeit stetig ab. Das bedeutet, dass der Querschnitt der Vase nach oben hin immer größer wird. Diese Eigenschaft trifft nur auf Vase (D) zu.

L 2.64 (D) Der Graph einer quadratischen Funktion kann nicht durch zwei Punkte mit derselben x-Koordinate verlaufen. Also muss er durch je einen Punkt in jeder der 3 Spalten verlaufen. Dafür gibt es zunächst $3 \cdot 3 \cdot 3 = 27$ Möglichkeiten. Liegen die 3 Punkte nicht auf einer Geraden, so existiert eine eindeutig bestimmte quadratische Funktion, deren Graph, eine Parabel, durch diese 3 Punkte verläuft. Liegen die 3 Punkte jedoch auf einer Geraden, so gibt es keine solche quadratische Funktion. Da genau 5 Geraden durch 3 solche Punkte verlaufen (2 diagonale und 3 waagerechte), gibt es $27 - 5 = 22$ quadratische Funktionen mit der gewünschten Eigenschaft.

Diese 22 Parabeln lassen sich in 5 Typen unterteilen. Alle möglichen Parabeln sind zu der jeweils beispielhaft abgebildeten Parabel verschoben und/oder gespiegelt.

4 Parabeln: 2 Parabeln: 8 Parabeln: 4 Parabeln: 4 Parabeln:

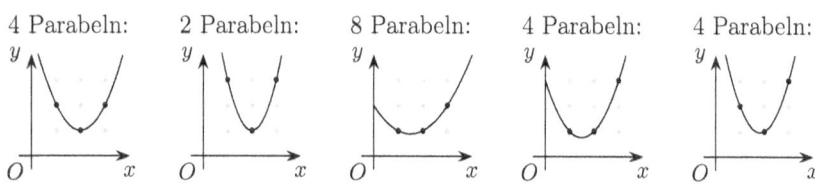

Dass durch 3 Punkte mit verschiedenen x-Koordinaten, die nicht auf einer Geraden liegen, genau eine Parabel mit der Gleichung $y = f(x) = ax^2 + bx + c$ $(a \neq 0)$ verläuft, lässt sich durch Lösen des Gleichungssystems

$$\begin{cases} x_1^2 a + x_1 b + c = y_1 \\ x_2^2 a + x_2 b + c = y_2 \\ x_3^2 a + x_3 b + c = y_3 \end{cases}$$

beweisen.

3 Kombinatorik – mit Zahlen und Figuren

3.1 Reihenfolgen, Vertauschungen und Zugfolgen

L 3.1 (**A**) Die Serviette, die oben liegt, ist vollständig zu sehen. Das einzige vollständige Quadrat, das erkennbar ist, gehört zu Serviette 4, die folglich zuletzt gelegt wurde. Wir nehmen die Servietten eine nach der anderen von oben weg, zuerst Serviette 4 und dann nacheinander 1, 3, 2 und 5. Die Servietten wurden in der Reihenfolge 5, 2, 3, 1, 4 hingelegt.

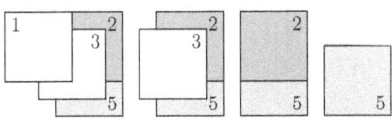

L 3.2 (**B**) Wir kürzen Dreieck mit einem D und Quadrat mit einem Q ab und schreiben zu jedem Bild, welche Figur unter welcher liegt:

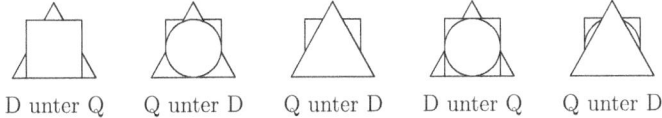

D unter Q   Q unter D   Q unter D   D unter Q   Q unter D

Dass das Quadrat unter dem Dreieck liegt, ist dreimal der Fall.

L 3.3 (**A**) Da der vorn spazierende Puri mehr wiegt als Obie in der Mitte, ist das vordere Nashorn größer als das mittlere. Das ist nur bei (**A**) und (**C**) der Fall. Da der in der Mitte spazierende Obie weniger wiegt als der ganz hinten spazierende Rollo, ist das hintere Nashorn größer als das mittlere Die richtige Reihenfolge zeigt (**A**).

L 3.4 (**A**) Die Abbildung rechts zeigt, wie sich das Muster schrittweise verändert, wenn die entsprechenden Quadrate durch Anni, Bob und Chris ersetzt werden. Am Ende liegt Bild (**A**) vor den Kindern.

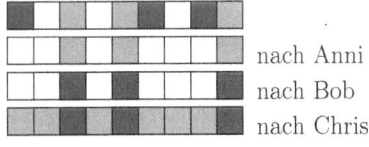

nach Anni
nach Bob
nach Chris

L 3.5 (**C**) Da 7 nicht durch 2 teilbar ist, kann Tom nicht alle 7 Möhren gegen Minigurken tauschen. Er kann höchstens 6 Möhren tauschen, und zwar gegen $6 : 2 = 3$ Minigurken. Und für die 3 Minigurken kann er sich schließlich $3 \cdot 3 = 9$ Radieschen ertauschen. Das ist die größte Anzahl an Radieschen, die Tom sich ertauschen kann.

L 3.6 (E) Damit die Anordnung der kleinen Pfannkuchen so ist wie auf Tante Luises Servierplatte, kann Pfannkuchen 1 nicht vor Pfannkuchen 2 abgelegt worden sein. Bei (E) wird jedoch Pfannkuchen 1 vor Pfannkuchen 2 abgelegt. So geht es gewiss nicht. Alle anderen Abfolgen für das Ablegen der Pfannkuchen sind möglich.

L 3.7 (A) Wer mag, kann mit einem selbstgewählten Beispiel probieren, was bei den möglichen Reihenfolgen entsteht, um zu entscheiden, was am klügsten ist: Dazu nehmen wir an, dass Vanessa in dieser Woche 3 Euro Taschengeld erhält. Im Fall (A) entstehen daraus $(3+1) \cdot 2 - 1 = 7$, im Fall (B) $(3+1-1) \cdot 2 = 6$, im Fall (C) dann $(3-1) \cdot 2 + 1 = 5$, im Fall (D) $(3-1+1) \cdot 2 = 6$ und im Fall (E) schließlich $3 \cdot 2 + 1 - 1 = 6$ Euro. Es ist am günstigsten, das Abziehen nach dem Verdoppeln des möglichst großen Betrags – und das ist das Taschengeld plus 1 Euro – vorzunehmen. Das geschieht bei (A). Unabhängig von der Höhe ihres Taschengeldes, erhält Vanessa so stets das Doppelte des Betrags plus 1 Euro.

L 3.8 (B) Keiner der sechs Dominosteine berührt einen Nachbarstein mit derselben Punktzahl. Daher muss sicher einer der beiden linken, einer der beiden mittleren und einer der beiden rechten Dominosteine getauscht werden, insgesamt also mindestens drei. Das ist mit nur einem Zug nicht möglich. Mit zwei Zügen gelingt die Umordnung, wobei in einem Zug ein Stein gedreht werden muss. Eine Möglichkeit für eine solche Zugfolge zeigt die Abbildung.

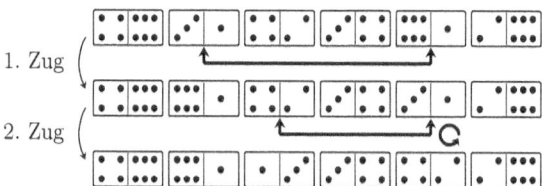

L 3.9 (D) In dem Schachbrettmuster liegen 12 Steine mit der schwarzen Seite nach oben. Da keine zwei davon waagerecht oder senkrecht benachbart sind, können keine zwei dieser Steine in ein und demselben Zug umgedreht werden. Folglich können es insgesamt nicht weniger als 12 Züge sein.
Die abgebildete Zugfolge zeigt, dass 12 Züge ausreichen, wobei bei den letzten 4 Zügen alle 4 Paare, die den mittleren Stein enthalten, betroffen sind:

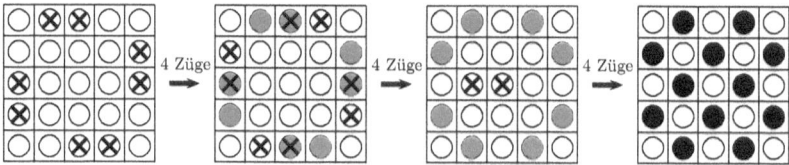

3.2 Kombinatorisches mit Zahlen

Anordnungen und Umordnungen

L 3.10 (C) Der kleinste mögliche Wert ist $3 \cdot 1 = 3$, der größte mögliche Wert ist $3 \cdot 6 = 18$. Jede Zahl von 3 bis 18, beide einschließlich, ist als Summe möglich. Das sind 16 verschiedene Punktesummen.

L 3.11 (D) Um keine mögliche Zahl zu übersehen, gehen wir systematisch vor: Die 0 kann nicht an der Zehnerstelle stehen. Für die Zehnerstelle kommen nur 1, 2 und 5 in Frage, 8 ist zu groß. Die kleinstmögliche Zahl ist 10, die aber nicht in Frage kommt, weil nach den Zahlen gefragt ist, die *größer* als 10 (und kleiner als 60) sind. Es gibt mit 1 an der Zehnerstelle die Zahlen 12, 15 und 18. Es gibt mit 2 an der Zehnerstelle die Zahlen 20, 21, 25 und 28. Es gibt mit 5 an der Zehnerstelle die Zahlen 50, 51, 52 und 58. Insgesamt sind das $3 + 4 + 4 = 11$ Zahlen.

L 3.12 (A) Dass im Blumenkasten sowohl die blaue als auch die rote Primel neben der gelben Primel stehen soll, bedeutet, dass diese drei Farben entweder in der Reihenfolge rot–gelb–blau oder blau–gelb–rot vorkommen. Jede dieser Dreiergruppen kann entweder links oder rechts von der weißen Primel im Kasten stehen. Es gibt also $2 \cdot 2 = 4$ verschiedene Möglichkeiten, und zwar:

weiß-rot-gelb-blau   rot-gelb-blau-weiß   weiß-blau-gelb-rot   blau-gelb-rot-weiß

L 3.13 (B) Bei jedem Schritt werden zwei benachbarte Buchstaben vertauscht. Da in VELO das V weiter links steht als das L, aber in LOVE genau umgekehrt, müssen auf jeden Fall V und L einmal vertauscht werden. Ebenso müssen V und O, E und L sowie E und O vertauscht werden. Es sind also mindestens vier Vertauschungen nötig. Dass vier Vertauschungen ausreichen, zeigt das Beispiel: $V\!ELO \to VLEO \to LV\!EO \to LVOE \to LOVE$

L 3.14 (A) Die Kugel landet genau dann in der Kiste, wenn sie an genau drei Hindernissen nach links (L) und an genau einem Hindernis nach rechts (R) fällt. Dafür gibt es insgesamt vier Möglichkeiten: LLLR, LLRL, LRLL und RLLL.

L 3.15 (C) Die Verteilung der Bade-Enten auf die 7 Fliesen lässt sich systematisch darstellen, es sind 10 Möglichkeiten:

L 3.16 (B) Die möglichen Wochentage können systematisch aufgeschrieben werden. Wer sich überlegt, dass unter den gegebenen Bedingungen stets genau zwei aufeinanderfolgende Tage „lauffrei" sind und durch die Wahl dieser beiden lauffreien Tage auch Merles Lauftage eindeutig bestimmt sind, findet auch so, dass es genau 7 Möglichkeiten gibt.

L 3.17 (D) Wir kürzen die Namen der vier Kanuten mit A, M, J und D ab und schreiben systematisch alle Möglichkeiten auf, wie zwei der vier Kinder in dem Kanu platziert werden können. Wir beachten dabei, dass Arne nicht vorn sitzt.

vorn	M	M	M	J	J	J	D	D	D
hinten	A	J	D	A	M	D	A	M	J

Es gibt insgesamt 9 Möglichkeiten.

L 3.18 (D) Zuerst wählen wir den Kopf vom Schwein. Als Bauch fügen wir zuerst einmal den vom Schwein hinzu. Dann gibt es für das Hinterteil 3 Möglichkeiten. Ändern wir jetzt den Bauch, so können wir in jedem der insgesamt 3 Fälle – Schwein, Hai und Nashorn – die Hinterteile dreifach variieren. Bei festem Kopf ergibt das also $3 \cdot 3$ Möglichkeiten. Da es auch für den Kopf 3 Möglichkeiten gibt, erhalten wir insgesamt $3 \cdot 3 \cdot 3 = 27$ verschiedene Tiere. Diese können wir auch im Einzelnen zusammenstellen und auszählen:

L 3.19 (E) Betrachten wir zuerst die Anordnung der 3 Paare, die wir mit A, B und C bezeichnen. Dafür gibt es $3! = 3 \cdot 2 \cdot 1 = 6$ mögliche Anordnungen: ABC, ACB, BAC, BCA, CAB, CBA. Da jedes der 3 Paare innerhalb jeder dieser 6 Anordnungen 2 Möglichkeiten hat, sich aufzustellen, muss noch mit $2 \cdot 2 \cdot 2 = 8$ multipliziert werden, sodass es insgesamt 48 Anordnungen gibt.

L 3.20 (B) Die 3 Handwerksstände lassen sich auf $3! = 3 \cdot 2 \cdot 1 = 6$ Weisen nebeneinander anordnen, und die beiden Stände mit Essen und Getränken auf 2 Weisen. Somit gibt es $6 \cdot 2 = 12$ Anordnungen, bei denen die 3 Handwerksstände links stehen, und $2 \cdot 6 = 12$, bei denen die 3 Handwerksstände rechts stehen. Insgesamt gibt es 24 verschiedene Anordnungen der fünf Stände.

L 3.21 (C) Marion hat $\binom{3}{2} = 3$ Möglichkeiten, die beiden Stiefmütterchen auszuwählen, und $\binom{6}{4} = 15$ Möglichkeiten, die 4 Primeln auszuwählen. Wer diese Formel nicht kennt, kann diese Zahlen auch durch systematisches Aufschreiben aller Möglichkeiten ermitteln. Da Marion die Pflanzen für die Schale beliebig kombinieren kann, gibt es für sie insgesamt $3 \cdot 15 = 45$ Möglichkeiten, die 6 Pflanzen auszuwählen.

Richtig kombiniert

L 3.22 (E) Beim Spielwürfel liegen sich 1 und 6, 2 und 5 sowie 3 und 4 gegenüber. In den Lösungsvorschlägen liegen bei (**A**) 2 und 5, bei (**B**) 3 und 4, bei (**C**) ebenfalls 3 und 4 und bei (**D**) 1 und 6 jeweils auf benachbarten Seitenflächen statt auf gegenüberliegenden. Nur bei (**E**) kann es sich um einen Spielwürfel handeln.

L 3.23 (A) Wenn wir von der Summe $1+2+3+4+5+6+7+8+9+10 = 55$ die 4 Zahlen, die wir bereits kennen, subtrahieren, erhalten wir die gesuchte Zahl: $55 - 12 - 7 - 6 - 14 = 16$.
Lösungsvariante: Wir sehen uns die Zahl 6, die auf einem von Oskars Zetteln steht, genauer an. Sie kann als Summe zweier verschiedener Zahlen entstanden sein, nämlich als $1+5$ oder $2+4$. Die Zahl 7 kann als $1+6$ oder $2+5$ oder $3+4$ entstanden sein.
Fall 1: Angenommen die 6 ist als Summe von 1 und 5 entstanden. Dann muss, da ja 1 und 5 nun „verbraucht" sind, 7 als Summe aus 3 und 4 entstanden sein. Damit würden 1, 3, 4 und 5 als Summanden nicht mehr zur Verfügung stehen. Die Zahl 12 kann nun nur noch als $2+10$ und die 14 damit nur noch als $6+8$ entstanden sein. Übrig sind 7 und 9, und deren Summe ist 16.
Fall 2: Angenommen die 6 ist als Summe von 2 und 4 entstanden. Dann bleibt für die 7 nur $1+6$. Damit würden 1, 2, 4 und 6 als Summanden nicht mehr zur Verfügung stehen. Die Zahl 12 kann nun als $3+9$ oder als $5+7$ entstanden sein. Da aber die Zahl 14 nur noch als $5+9$ gebildet werden könnte und die 5 in $12 = 5+7$, die 9 in $12 = 3+9$ steckt, ist der Fall 2 nicht möglich.

L 3.24 (D) Ganz sicher muss Niklas die 1 in das Eckfeld schreiben, denn alle anderen Zahlen sind größer. Er kann nun die Felder systematisch füllen, indem er zunächst überlegt, welche Zahl neben der 1 stehen kann und was sich daraus für die Zeile ergibt. Die Belegung der Spalte ergibt sich daraus automatisch. In der Abbildung sind alle Möglichkeiten berücksichtigt, die gesuchte Anzahl ist 6.

1	2	3
4		
5		

1	2	4
3		
5		

1	2	5
3		
4		

1	3	4
2		
5		

1	3	5
2		
4		

1	4	5
2		
3		

L 3.25 (C) Am Rand des Platzes stehen die 8 bzw. 11 Bäume, die in den beiden Richtungen zwischen dem Quittenbaum und dem Pflaumenbaum stehen, und dazu der Quittenbaum selbst und der Pflaumenbaum selbst. Das sind insgesamt $8 + 11 + 2 = 21$ Bäume.

L 3.26 (C) Zwischen Bianca und Antonia stehen im Uhrzeigersinn 4 Mädchen und gegen den Uhrzeigersinn 7 Mädchen. Ohne die beiden stehen $4 + 7 = 11$ Mädchen im Kreis. Mit den beiden bilden also 13 Mädchen den Kreis.

L 3.27 (B) Zwischen Knopf 7 und Knopf 23 liegen auf der einen Seite genau die Knöpfe 8 bis 22. Das sind 15 Stück. Da sich Knopf 7 und Knopf 23 genau gegenüber liegen und alle Knöpfe gleichmäßig angeordnet sind, liegen auf der anderen Seite ebenfalls 15 Knöpfe. Zusammen mit Knopf 7 und Knopf 23 liegen im Kreis insgesamt $15 + 15 + 1 + 1 = 32$ Knöpfe. Somit ist $n = 32$.

L 3.28 (C) Ella hat mit allen vier Freunden getauscht, Oana nur mit einer Person, also mit Ella. Josef hat mit drei Freunden getauscht, und das sind (weil er nicht mit Oana getauscht hat) Ella, Luke und Tina. Weiter hat Luke mit zwei Freunden getauscht, und das sind wie erwähnt Ella und Josef. Damit ist vollständig klar, wer mit wem getauscht hat. Tina hat mit Ella und Josef, also mit zwei Freunden getauscht.

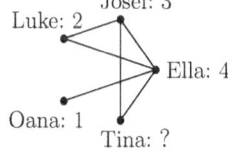

Eine grafische Darstellung wie im Bild rechts ist gut geeignet, um einen Überblick über den Büchertausch zu gewinnen.

L 3.29 (D) Durch systematisches Probieren finden wir eine Belegung der Felder mit 7 ungeraden Zahlen. In der Abbildung sind die ungeraden Zahlen durch „u", die geraden Zahlen durch „g" dargestellt.
Wir zeigen nun, dass es eine Belegung mit mehr als 7 ungeraden Zahlen nicht geben kann. Wir benutzen dabei, dass die Summe zweier gerader ebenso wie die Summe zweier ungerader Zahlen stets geradzahlig ist, die Summe einer geraden und einer ungeraden Zahl jedoch stets ungerade ist.

Die Belegung mit mehr als 7 ungeraden Zahlen ist nur möglich, wenn mindestens zwei der vier Stufen ausschließlich ungerade Zahlen enthalten. Über einer Reihe mit nur ungeraden Zahlen steht jedoch ebenso

			u	
		u	g	
	g	u	u	
u	u	g	u	

wie über einer Reihe mit nur geraden Zahlen eine Reihe mit geraden Zahlen. Folglich kann es nicht mehr als eine Reihe mit nur ungeraden Zahlen geben. Also ist 7 die gesuchte größte Zahl.

L 3.30 (B) Wir zeichnen ein Diagramm, in dem alle möglichen Überholvorgänge angegeben sind. Wir schreiben K für Kia, L für Lea und M für Mia, und „KLM" steht dann beispielsweise für die Reihenfolge „Kia vor Lea vor Mia". An den Pfeilen ist angegeben, wer den jeweiligen Überholvorgang durchführt.

$$
\begin{array}{c}
\text{nicht möglich} \\
KLM \overset{K}{\underset{M}{\longrightarrow}} L \longrightarrow LKM \overset{K}{\underset{M}{\longrightarrow}} \begin{array}{c} KLM \longrightarrow M \longrightarrow KML \\ LMK \longrightarrow K \longrightarrow LKM \end{array} \\
KML \overset{K}{\underset{L}{\longrightarrow}} \begin{array}{c} \text{nicht möglich} \\ KLM \longrightarrow K \longrightarrow \text{nicht möglich} \end{array}
\end{array}
$$

Es gibt also die zwei möglichen Zieleinläufe „Kia vor Mia vor Lea" und „Lea vor Kia vor Mia".

L 3.31 (A) Aus $\overline{ab} < \overline{bc}$ folgt $a \leq b$ und da a und b verschieden sind, sogar $a < b$. Analog gilt $b < c$. Außerdem gilt $a \geq 1$, da zweiziffrige Zahlen nicht mit 0 beginnen. Wenn wir nun $1 \leq a < b < c \leq 9$ beliebig wählen, so gilt die Bedingung immer. Wählen wir $2 \leq b \leq 8$, so haben wir für die Wahl von a noch $b-1$ Möglichkeiten, diese zu wählen, und für c noch $9-b$ Möglichkeiten. Insgesamt haben wir also $1 \cdot 7 + 2 \cdot 6 + 3 \cdot 5 + 4 \cdot 4 + 5 \cdot 3 + 6 \cdot 2 + 7 \cdot 1 = 84$ Möglichkeiten.

L 3.32 (B) Wir bezeichnen mit A, J und M die Anzahl der Lieder, die Adele, Justina und Mateja gehört haben und mit L die Gesamtzahl aller Lieder. Da immer zwei Mädchen gleichzeitig ein Lied hörten, gilt $L = (A+J+M)/2$ $= (18+25+M)/2 = (43+M)/2$. Da nach jedem Lied gewechselt wurde, hat jedes der Mädchen mindestens jedes zweite Lied gehört. Ist L gerade, so hat jedes Mädchen mindestens $L/2$ Lieder gehört, und wenn L ungerade ist, hat jedes Mädchen mindestens $(L-1)/2$ Lieder gehört. Es gilt also in jedem Fall

$$18 = A \geq \frac{L-1}{2} = \frac{(43+M)/2 - 1}{2} = \frac{41+M}{4} \implies M \leq 4 \cdot 18 - 41 = 31.$$

Wir überlegen, ob $M = 31$ möglich ist. Dazu berechnen wir $L = (43+31)/2 = 37$. Dann haben Adele und Justina gemeinsam $L - M = 6$ Lieder gehört, Adele und Mateja haben gemeinsam $L - J = 12$ Lieder gehört und Justina und Mateja haben gemeinsam $L - A = 19$ Lieder gehört. Das folgende Beispiel zeigt, dass dies möglich ist:

M	M	M	M	M	A	M	M	M	M	M	A	M	M	M	M	M	A	M	M	M	M	M	A	M	M	M	M	M	A	M	M	M	M	M	A	M
J	A	J	A	J	J	J	A	J	A	J	J	J	A	J	A	J	J	J	A	J	A	J	J	J	A	J	A	J	J	J	A	J	A	J	J	J

Mateja hat also höchstens 31 Lieder gehört.

3.3 Kombinatorisches mit Figuren

Anordnungen in Ebene und Raum

L 3.33 (**E**) Bei der Ringbindung in der Mitte des Buchs beginnend, zählen wir die Kästchen, um die Lage der Fenster auf der rechten Seite korrekt zu markieren:

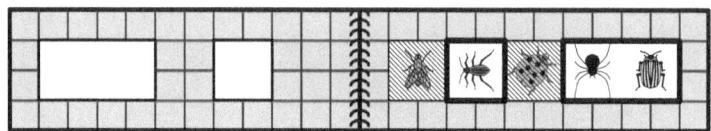

Die Fliege und der Marienkäfer werden beim Zuklappen des Bilderbuchs verdeckt. Der Laufkäfer, die Spinne und der Kartoffelkäfer sind durch die Fenster zu sehen.

L 3.34 (**E**) Zuerst stellen wir fest, dass (**B**) und (**C**) als Lösung nicht infrage kommen, weil dort jeweils eine Tür zu sehen ist. (**A**) kommt nicht infrage, weil auf diesem Bild 4 Fenster sind und nicht 3. Und da wir beim Gucken auf die Rückseite des Häuschens den Schornstein nun links sehen müssen – statt rechts, wie er von vorn zu sehen ist –, ist (**E**) das gesuchte Bild.

L 3.35 (**B**) Durch Probieren finden wir, dass alle Wege, die Monika genommen haben kann, im Raum 2 enden. Dies ist der einzige Raum mit einer ungeraden Anzahl von Türen. Bei jedem Raum mit einer geraden Anzahl von Türen gibt es, wenn Monika diesen Raum betritt, immer eine noch nicht benutzte Tür, durch die sie gehen und damit diesen Raum wieder verlassen muss.

L 3.36 (**C**) Da jeder Würfel 12 Kanten hat, beträgt die Gesamt-Kantenlänge hier 120 cm. Wir probieren zunächst mit zwei Drähten der Länge 50 cm und 70 cm oder 60 cm und 60 cm. Das führt uns zwar noch nicht zur Lösung des Problems, aber wir können dabei feststellen, dass an jeder Ecke nur jeweils ein Draht „abknicken" kann. Die dritte an diese Ecke grenzende Kante muss demnach zu einem Draht*ende* gehören. Da es 8 Ecken gibt, kann es folglich nicht weniger als 8 Drahtenden, also ganz sicher nicht weniger als 4 Drähte geben. Dass sich der Würfel mit 4 Drähten tatsächlich bauen lässt, zeigen die 2 Beispiele. Die kleinste Anzahl an Drähten, die Aila benötigt, ist folglich 4.

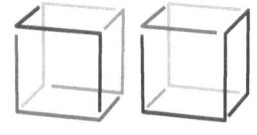

3.3 Kombinatorisches mit Figuren   149

L 3.37 (B) Wir nehmen an, dass der waagerechte und senkrechte Abstand benachbarter Punkte jeweils 1 beträgt. Im Punktgitter lassen sich wie abgebildet vier Quadrate mit den Seitenlängen 1, 2, 3 bzw. 4 finden, deren Seiten waagerecht bzw. senkrecht liegen, dazu zwei um 45° geneigte Quadrate, deren Seitenlängen nach dem Satz des Pythagoras $\sqrt{1^2+1^2}=\sqrt{2}$ bzw. $\sqrt{2^2+2^2}=\sqrt{8}$ betragen, und zwei weitere schräg liegende Quadrate mit den Seitenlängen $\sqrt{1^2+2^2}=\sqrt{5}$ bzw. $\sqrt{1^2+3^2}=\sqrt{10}$:

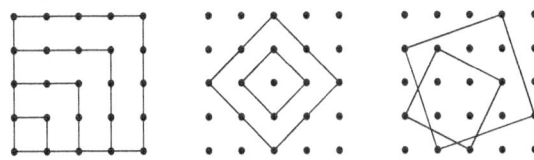

Da die Seiten dieser Vierecke jeweils gleich lang und alle 4 Seiten gegenüber der Waagerechten um denselben Winkel gedreht sind, handelt es sich um Quadrate. Dass sie verschieden groß sind, wurde bereits berechnet. Weitere „gerade" liegende bzw. um 45° geneigte Quadrate gibt es nicht. Die Seite eines anderen schräg liegenden Quadrats ist Hypotenuse eines rechtwinkligen Dreiecks mit verschieden langen Katheten der Längen 1, 2, 3 oder 4. Katheten der Länge 4 entfallen, da dann die Hypotenusenlänge größer als 4 und der Flächeninhalt des zugehörigen Quadrats größer als 16 wäre, das Quadrat also nicht ins Gitter passen würde. Es bleiben die Hypotenusenlängen $\sqrt{1^2+2^2}=\sqrt{5}$, $\sqrt{1^2+3^2}=\sqrt{10}$ und $\sqrt{2^2+3^2}=\sqrt{13}$. Die zu den ersten beiden Werten gehörigen Quadrate sind oben angegeben, ein Quadrat der Seitenlänge $\sqrt{13}$ passt nicht ins Punktgitter, wie sich durch Probieren sehen lässt. Es gibt also genau die 8 oben angegebenen Quadrate.

Farbkombinationen gesucht

L 3.38 (B) Da sich das von Lore rot gemalte Kästchen auf einem *quadratischen* Stück Karopapier befindet, bestimmen wir zuerst die Seitenlänge dieses Quadrats. Es sind $4+5-1=8$ Reihen (die 4. von unten, die 5. von oben, und dabei wird die Reihe mit dem roten Kästchen doppelt gezählt), das Quadrat hat eine Seitenlänge von 8 Kästchen. Da das Kästchen in der 6. Spalte von links ist, muss es folglich in der 3. Spalte von rechts sein, denn es sind $6+3-1=8$ Spalten.

L 3.39 (B) Seite 1 im Bild rechts muss grün sein, denn sie gehört zu den beiden ganz rechts liegenden Dreiecken, in denen es bereits eine blaue bzw. eine rote Seite gibt. Da Seite 1 grün ist, ist Seite 2 blau. Seite 3 muss grün sein,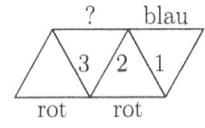
denn sie gehört zu den beiden ganz links liegenden Dreiecken, in denen es ja eine blaue bzw. eine rote Seite gibt. Nun folgt, dass die Strecke mit dem Fragezeichen rot sein muss. Dass die Färbung der Figur möglich ist, ist klar, da auch die beiden äußeren Seiten passend gefärbt werden können, die linke blau, die rechte rot.

L 3.40 (E) Da A an ein blaues und ein grünes Plättchen grenzt, darf A weder blau noch grün, muss also rot sein. E grenzt an ein rotes und ein grünes Plättchen, muss also blau sein. Damit sind die 3 blauen Plättchen verbraucht. Für B, C und D gibt es nur noch ein rotes und 2 grüne Plättchen. Da Plättchen gleicher Farbe nicht mit einer Seite zusammenstoßen dürfen, muss C rot sein, und B und D sind beide grün.

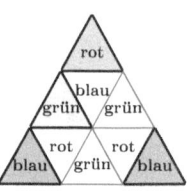

L 3.41 (A) Da die Kreise 2 und 6 miteinander verbunden sind, müssen sie unterschiedliche Farben haben. Da Kreis 5 sowohl mit Kreis 2 als auch mit Kreis 6 verbunden ist, muss er eine andere Farbe haben als Kreis 2 und als Kreis 6, also die dritte. Dasselbe gilt für Kreis 8. Somit müssen Kreis 5 und Kreis 8 sicher dieselben Farbe tragen.
Dass die beiden Kreise in jeder der anderen Antwortmöglichkeiten unterschiedliche Farben haben können, zeigt das Beispiel rechts.

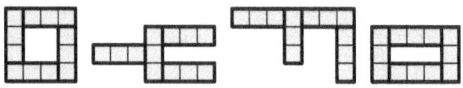

L 3.42 (C) Das mittlere Kästchen und die vier Kästchen in den Ecken des 3 × 3-Feldes müssen verschieden gefärbt sein, da je zwei dieser Kästchen in einer gemeinsamen Zeile, Spalte oder Diagonale liegen. Es können also nicht weniger als 5 Farben sein.
Dass sich das Feld mit 5 Farben färben lässt, zeigt das Bild.

2	5	4
3	1	2
5	4	3

Bunte Puzzelei

L 3.43 (E) Figur (E) kann nicht gelegt, denn bei (E) müssen 3 Teile senkrecht liegen, und für das 4. Teil ist dann keine Lagemöglichkeit mehr vorhanden. Wie (A) bis (D) gelegt werden können, zeigen die Bilder:

L 3.44 (D) Teil (D) passt in die Mitte, wenn wir es ein bisschen nach links drehen. Rechts ist die vollständige Puzzleblume zu sehen.

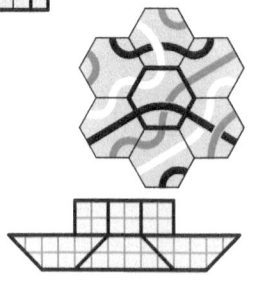

L 3.45 (B) Es gibt nur eine Möglichkeit, wie das Boot aus den Teilen gepuzzelt werden kann. Raffael braucht dazu 6 Teile.

L 3.46 (B) Das nebenstehende Bild zeigt, wie aus den Teilen 2, 3 und 4 ein Quadrat gepuzzelt werden kann.

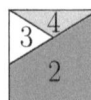

L 3.47 (**E**) Das Bild zeigt, dass die Figuren (**A**) bis (**D**) sich aus den beiden gleich großen Quadraten zusammenschieben lassen.
Bestünde die Figur (**E**) aus zwei Quadraten, so wäre das um 45° gedrehte Quadrat, das das „Dach" der Figur bildet, kleiner als das andere Quadrat, da die Diagonale in einem jeden Quadrat länger als die Quadratseite ist. Figur (**E**) kann nicht entstanden sein.

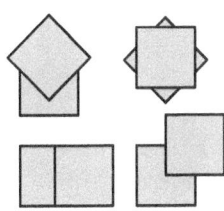

L 3.48 (**C**) Die beiden Ansichtskarten mit der Maus und mit den Bergen bleiben auch dann am Kühlschrank, wenn der rechte der beiden Magnete entfernt wird. Der Magnet, der die Schneemann-Karte, die Karte mit den Blumen und die Karte mit dem Käuzchen unterm Fliegenpilz hält, kann nicht entfernt werden, da es der einzige ist, der die Karte mit den Blumen hält. Von den beiden Magneten, die die Pyramidenkarte halten, kann einer – egal, welcher – entfernt werden. Von den drei Magneten, die die Segelbootkarte halten, können zwei – egal, welche – entfernt werden. Insgesamt können also höchstens $1 + 1 + 2 = 4$ Magnete entfernt werden.

L 3.49 (**B**) In den Zeichnungen ist dargestellt, was beim Zusammenknoten in den einzelnen Fällen geschieht. In den Fällen (**A**), (**C**), (**D**) und (**E**) entsteht nicht nur ein einziger geschlossener Faden, sondern zwei oder drei. Nur im Fall (**B**) haben wir einen geschlossenen Faden aus allen sechs Fäden.

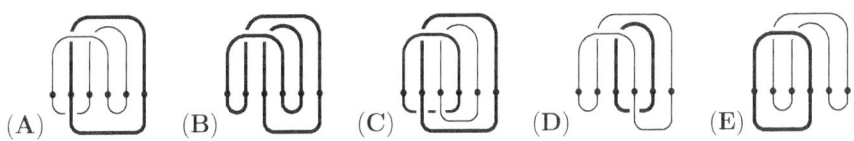

L 3.50 (**E**) Wir überlegen für jede Antwortmöglichkeit, wie das winkelförmige Teil liegen kann. Dabei erkennen wir, dass es für (**E**) keine Möglichkeit gibt.
In den anderen Mustern gibt es jeweils genau eine Lagemöglichkeit für das winkelförmige Teil, und das 3×3-Quadrat ist in allen vier Fällen das gegebene:

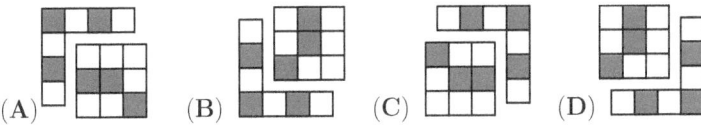

3.4 Wahrscheinlichkeit

L 3.51 (E) Wegen der gegebenen Wahrscheinlichkeiten befinden sich auf Kiras Glückswürfel auf drei Seiten 1 Punkt, auf zwei Seiten 2 Punkte und auf einer Seite 3 Punkte. Bei (C) sind auf mehr als zwei Seiten 2 Punkte zu sehen und bei (A), (B) und (D) sind auf mehr als einer Seite 3 Punkte zu sehen. Nur der Würfel bei (E) kann Kiras Glückswürfel sein.

L 3.52 (A) Da sich die beiden Flächeninhalte wie $2:7$ verhalten, ist der Anteil des größeren Teils an der gesamten Kreisfläche $\frac{7}{2+7} = \frac{7}{9}$. Die Wahrscheinlichkeit, dass ein zufälliger Punkt im größeren Teil liegt, ist gleich diesem Anteil, also $\frac{7}{9}$.

L 3.53 (D) Auf dem Würfel sind genau die vier Zahlen $1, -2, -4$ und -6 kleiner als 3. Die Wahrscheinlichkeit, dass die gewürfelte Zahl kleiner als 3 ist, ist also gleich $\frac{4}{6} = \frac{2}{3}$.

L 3.54 (B) Die Wahrscheinlichkeit, einen blauen Ball herauszunehmen, ist bei (A) $\frac{10}{18} = \frac{9}{18} + \frac{1}{18} = \frac{1}{2} + \frac{1}{18}$. Bei (B) ist diese Wahrscheinlichkeit $\frac{6}{10} = \frac{1}{2} + \frac{1}{10}$, bei (C) ist sie $\frac{8}{14} = \frac{1}{2} + \frac{1}{14}$, bei (D) beträgt sie exakt $\frac{1}{2}$ und bei (E) erhalten wir $\frac{12}{21} = \frac{4}{7} = \frac{8}{14} = \frac{1}{2} + \frac{1}{14}$. Wegen $\frac{1}{10} > \frac{1}{14} > \frac{1}{18} > 0$ ist die Wahrscheinlichkeit, einen blauen Ball herauszunehmen, bei Kiste (B) am größten.

L 3.55 (B) Es gibt wegen des linken Würfelbildes mindestens 3 JA-Seiten. Aus den anderen beiden Ansichten geht hervor, dass die 3 anderen Seiten nicht mit JA beschriftet sind, denn die beiden nein-Seiten sind nicht identisch. Folglich sind es genau 3 JA-Seiten. Die Wahrscheinlichkeit, ein JA zu würfeln, ist $\frac{3}{6} = \frac{1}{2}$.

L 3.56 (E) Beim Würfeln mit Lisas Würfel gibt es insgesamt $6 \cdot 6 = 36$ verschiedene Versuchsausgänge. Günstig sind davon jene, bei denen das Produkt der 2 gewürfelten Zahlen negativ ist. Dies tritt genau dann ein, wenn eine negativ und die andere positiv ist. Es gibt 3 Möglichkeiten, dass der 1. Würfel eine negative Zahl zeigt, und jeweils 2 Möglichkeiten, dass der 2. Würfel eine positive Zahl zeigt. Da auch umgekehrt der 2. Würfel eine negative und der 1. eine positive Zahl zeigen kann, gibt es insgesamt $2 \cdot 3 \cdot 2 = 12$ günstige Fälle. Da die Versuchsausgänge hier gleichverteilt sind, beträgt die Wahrscheinlichkeit $\frac{12}{36} = \frac{1}{3}$.

L 3.57 (C) Auf jedem der beiden Teller stehen dreimal 100 g und drei der Massen 1 g, 2 g, 3 g, 4 g, 5 g und 6 g. Da $1\,\text{g} + 2\,\text{g} + 3\,\text{g} + 4\,\text{g} + 5\,\text{g} + 6\,\text{g} = 21\,\text{g}$ eine ungeradzahlige Masse ist, steht bei jeder möglichen Verteilung tatsächlich auf einem der beiden Teller eine größere Masse als auf dem anderen, und zwar von mindestens 11 g. Mögliche Verteilungen gibt es insgesamt $(6 \cdot 5 \cdot 4)/(3 \cdot 2 \cdot 1) = 20$, denn es gibt 6 Möglichkeiten, für den linken Teller das erste Gewichtsstück auszuwählen, 5 Möglichkeiten für das zweite und 4 Möglichkeiten für das dritte, wobei bei dieser Überlegung jede mögliche Auswahl dreier Gewichtsstücke entsprechend der möglichen Reihenfolgen ihrer Auswahl $3 \cdot 2 \cdot 1 = 6$-mal gezählt wurde. Die drei Gewichtsstücke für den rechten Teller stehen dann eindeutig fest.
Wir zählen die Verteilungen, bei denen das schwerste Gewichtsstück *nicht* auf *dem* Teller steht, der die größere Masse trägt. Auf diesem Teller können dann nur $5\,\text{g} + 4\,\text{g} + 3\,\text{g} = 12\,\text{g}$ oder $5\,\text{g} + 4\,\text{g} + 2\,\text{g} = 11\,\text{g}$ stehen. Insgesamt ergibt das $2 \cdot 2 = 4$ Möglichkeiten, da der Teller, der die größere Masse trägt, der linke oder der rechte sein kann. Die übrigen $20 - 4 = 16$ Verteilungen sind günstig, bei diesen steht das schwerste Gewicht auf dem Teller, der die größere Masse trägt. Die Wahrscheinlichkeit beträgt folglich $\frac{16}{20} = \frac{80}{100}$, also 80 %.

L 3.58 (C) Philipp gewinnt, wenn er eine 2 und Diego eine 1 oder wenn er eine 5 und Diego eine 1, eine 2, eine 3 oder eine 4 würfelt. Da die beiden Würfel unabhängig voneinander geworfen werden, ist die gesuchte Wahrscheinlichkeit $\frac{3}{6} \cdot \frac{1}{6} + \frac{3}{6} \cdot \frac{4}{6} = \frac{15}{36} = \frac{5}{12}$.

L 3.59 (D) Wir berechnen die Gewinnwahrscheinlichkeiten für Anna in den fünf Fällen. Da sie die Schachteln zufällig, also mit Wahrscheinlichkeit 1/5 wählt, ist die Gesamtwahrscheinlichkeit in jedem Fall der Durchschnitt der Wahrscheinlichkeiten für jede der fünf Schachteln.
(A) In jeder Schachtel beträgt die Wahrscheinlichkeit dafür, eine schwarze Kugel zu ziehen, 50 %, somit auch im Durchschnitt über alle fünf Schachteln.
(B) In drei Schachteln beträgt die Wahrscheinlichkeit dafür, eine schwarze Kugel zu ziehen, 100 %, in zwei Schachteln 0 %, somit im Durchschnitt 60 %.
(C) In vier Schachteln beträgt die Wahrscheinlichkeit dafür, eine schwarze Kugel zu ziehen, 100 %, in einer Schachtel 0 %, somit im Durchschnitt 80 %.
(D) In vier Schachteln beträgt die Wahrscheinlichkeit, eine schwarze Kugel zu ziehen, 100 %, in einer Schachtel $1/6 \approx 16{,}67\,\%$, und somit im Durchschnitt $\approx 83{,}33\,\%$.
(E) In vier Schachteln beträgt die Wahrscheinlichkeit, eine schwarze Kugel zu ziehen, 0 %, in einer Schachtel $5/6 \approx 83{,}33\,\%$, somit im Durchschnitt $\approx 16{,}67\,\%$.
Annas Gewinnwahrscheinlichkeit ist bei (D) am größten.

L 3.60 (C) Die Wahrscheinlichkeit dafür, dass das weiße Kaninchen als erstes gezogen wird, ist gleich $\frac{1}{5}$. Die Wahrscheinlichkeit dafür, dass das weiße Kaninchen nicht als erstes, sondern als zweites gezogen wird, ist gleich $\frac{4}{5} \cdot \frac{1}{4} = \frac{1}{5}$. Also ist die Wahrscheinlichkeit dafür, dass das weiße Kaninchen unter den zwei gezogenen ist, gleich $\frac{1}{5} + \frac{1}{5} = \frac{2}{5}$ (entsprechend der 2. Pfadregel für Baumdiagramme), also gleich 40 %.

L 3.61 (C) Wir bezeichnen mit L die Anzahl der Langhaardackel und mit R die Anzahl der Rauhaardackel, die am Wettbewerb teilnehmen. Die Wahrscheinlichkeit dafür, dass für die erste Prüfung ein Langhaardackel und ein Rauhaardackel gelost werden, ist $\frac{L}{L+R} \cdot \frac{R}{L+R-1} + \frac{R}{L+R} \cdot \frac{L}{L+R-1} = \frac{1}{2}$. Folglich gilt $4 \cdot L \cdot R = (L+R) \cdot (L+R-1)$.
Wie in der Aufgabenstellung gegeben, ist $L = 1{,}4 \cdot R$, und wir erhalten $4 \cdot 1{,}4 \cdot R \cdot R = (1{,}4 \cdot R + R) \cdot (1{,}4 \cdot R + R - 1)$. Ausmultipliziert ergibt sich $5{,}6 \cdot R^2 = 5{,}76 \cdot R^2 - 2{,}4 \cdot R$. Da $R > 0$ ist, folgt $R = \frac{2{,}4}{0{,}16} = 15$ und $L = 1{,}4 \cdot 15 = 21$. Am Jagdhund-Wettbewerb nehmen insgesamt $15 + 21 = 36$ Dackel teil.

4 Geometrie

4.1 Übungen für das Vorstellungsvermögen

Mit Aufmerksamkeit zur Lösung

L 4.1 (**E**) Es kommt nicht auf die Körpergröße der Kinder an, sondern auf die Höhe der Stufen. Wir erkennen: Dan steht auf der höchsten Stufe, also ist er Erster. Auf der zweithöchsten Stufe steht Billa, sie ist Zweite. Auf der dritthöchsten Stufe steht Enie – sie ist die gesuchte Dritte.
Schließlich erkennen wir auch noch, dass Carl Vierter und Alex Fünfter ist.

L 4.2 (**D**) Der 7-Punkt-Marienkäfer hat 3 Punktpaare auf den Flügeln und einen in der Nähe des Kopfes. Bei der Zeichnung (**D**) hat Leon diesen einen Punkt statt in die Nähe des Kopfes hinten hingemalt und damit einen Fehler gemacht.

L 4.3 (**C**) Theodor sieht die drei Scheiben, die im Bild grau markiert sind.

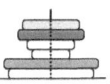 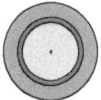

L 4.4 (**D**) Wer nicht sofort beim Draufgucken die fehlende Spur entdeckt, kann auch durch Zählen herausfinden, welche Spur fehlt. In der linken Abbildung sind 4 Wildschweinspuren, 6 Krähenspuren, 3 Fuchsspuren, 7 Rehspuren und 3 Hasenspuren. In der rechten Abbildung, die ja „auf dem Kopf" steht, sind es 4 Wildschweinspuren, 6 Krähenspuren, 3 Fuchsspuren, 6 Rehspuren und 3 Hasenspuren. Und da haben wir gefunden, welches Bild fehlt: Es ist das Bild mit der Tierspur vom Reh.

L 4.5 (**B**) Es gibt 4 Vierecke, diese sind rechts markiert. Die anderen Scherben sind 4 Dreiecke und 2 Fünfecke.

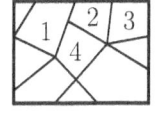

L 4.6 (**E**) Die beiden unteren Reihen sind nach dem Übereinanderlegen der Folien undurchsichtig, denn über jedem durchsichtigen Feld kommt dabei ein schwarzes zu liegen und umgekehrt. Die obere Reihe ist bei beiden Folien völlig gleich. Folglich bleibt das mittlere Feld in dieser Reihe durchsichtig. In diesem Feld ist die Ente zu sehen.

L 4.7 (**C**) Da neben jeder schwarzen Perle eine graue und eine weiße Perle liegt, kann weder (**B**) noch (**D**) die Lösung sein. Da neben jeder weißen Perle eine weitere weiße Perle liegt, kann weder (**A**) noch (**E**) die Lösung sein. Die Folge weiß–schwarz–grau aus (**C**) finden wir sogar mehrmals.

L 4.8 (**D**) Wir sehen uns vom Verschluss der Kette nach links die Reihung der Perlen an: schwarz – weiß – weiß – schwarz – schwarz – weiß. Isabells Kette ist also im Bild (**D**) zu sehen.

L 4.9 (**A**) Da das Vorn und das Hinten der Perle während des Schiebens stets Vorn bzw. Hinten bleiben, ist (**A**) die Lösung.
Die Abbildung veranschaulicht das Gleiten der Perle auf der Schnur beim Schieben.

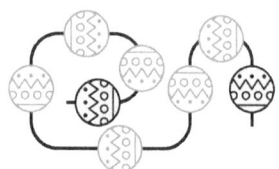

L 4.10 (**E**) Ausschnitt (**A**) sieht Peter bei der Kreuzung links oben, (**B**) sieht er rechts oben, (**C**) in der Mitte rechts und (**D**) in der Mitte links. Bild (**E**) kann Peter nicht sehen.

L 4.11 (**E**) Den richtigen Schatten des Zaunes zeigt Bild (**E**).

L 4.12 (**E**) Wir markieren die Bewegung der Zahnräder durch Pfeile. Ineinander greifende Zahnräder drehen sich in entgegengesetzte Richtungen, über Riemen verbundene Zahnräder drehen sich in dieselbe Richtung.
Im Bild rechts ist zu erkennen, dass sich die beiden Gewichte 1 und 3 aufwärts bewegen.

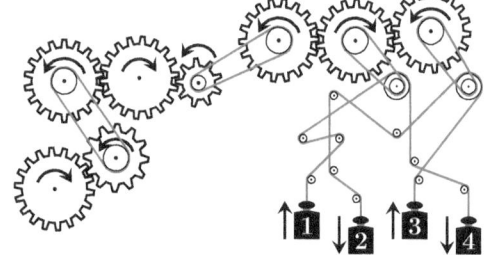

L 4.13 (**C**) Die Eichhörnchen bewegen sich stets *innerhalb* eines Kreises mit Radius 5 m um ihren Baum und dabei stets *außerhalb* eines Kreises mit Radius 5 m um die Hundehütte. Wären Baum und Hundehütte mindestens 10 m voneinander entfernt, würden sich diese beiden Kreise nicht schneiden und der Aufenthaltsbereich der Eichhörnchen auf dem Boden wäre eine komplette Kreisfläche. Das zeigt keines der Bilder in den Antwortmöglichkeiten. Folglich müssen Baum und Hundehütte weniger als 10 m voneinander entfernt sein. Den Aufenthaltsbereich der Eichhörnchen auf dem Boden zeigt Bild (**C**).

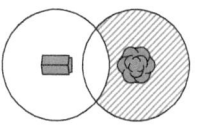

L 4.14 (**A**) Wenn das Rad auf einer Geraden rollt, bewegt sich der Mittelpunkt des Rades auf einer dazu parallelen Geraden. Wenn das Rad über eine Spitze rollt, dann bleibt sein Mittelpunkt stets im selben Abstand zur Spitze, bewegt sich also auf einem Kreisbogen. In einem Talknick rollt das Rad gerade bergab, bis es an der ansteigenden Strecke anstößt, und dann sofort wieder gerade bergauf.

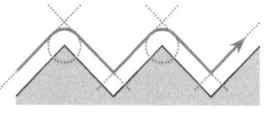

Drehungen, Spiegelungen, Symmetrie

L 4.15 (C) Ein Blick von oben auf den Schirm zeigt, dass nur (C) die Lösung sein kann. In (A) steht das F auf dem Kopf. In (B) und (E) ist die Reihenfolge der Buchstaben verkehrt und das S bzw. das J gespiegelt. Und die Buchstaben in (D) sind auf Josefines Schirm gar nicht benachbart.

L 4.16 (C) Wir suchen in dem Bild von Klara all die Dinge, die nicht symmetrisch sind. Das sind die Zöpfe, die Halskette und der Scheitel. Und diese müssen alle drei im Lösungsbild gespiegelt erscheinen. Das ist nur bei (C) der Fall.

L 4.17 (C) Wir zeichnen in die 5 Verkehrszeichen all ihre Symmetrieachsen ein:

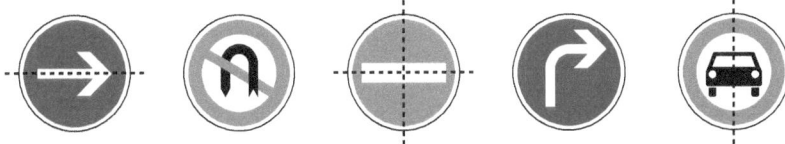

Das Schild „Verbot der Einfahrt" bei (C) hat zwei Symmetrieachsen, also mehr als jedes der anderen vier Verkehrsschilder, von denen zwei keine Symmetrieachse haben und zwei je eine.

L 4.18 (A) Die Schilder haben der Reihe nach vier, zwei, drei, keine bzw. eine Symmetrieachse. Die vier Symmetrieachsen, und damit die meisten, hat das Schild „Absolutes Halteverbot" bei (A).

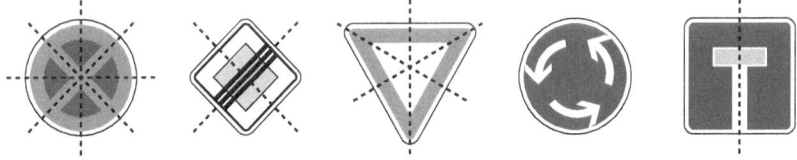

L 4.19 (A) Wenn wir durch die Karte hindurchsehen könnten, würden wir nach dem ersten Klappen das an der Unterkante der Karte gespiegelte Muster sehen. Nach dem zweiten Klappen sehen wir das an der rechten Kante gespiegelte Muster. Rechts ist das Ergebnis dargestellt, das wir nach zweimaligem Klappen erhalten.

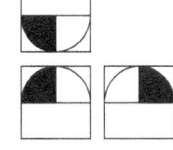

L 4.20 (A) Zur Veranschaulichung stellen wir die komplette Abfolge beim dreimaligen Umklappen dar. Nach dem letzten Umklappen ist (A) zu sehen.

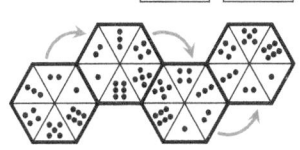

L 4.21 (C) Geeignete Buchstaben sind genau diejenigen, die eine senkrechte Spiegelachse haben. Das trifft auf alle Buchstaben der Worte **WAU, UHU, MIAU** und **MUH** zu. Da **Q** und **K** keine solche Spiegelachse besitzen, ist das Wort **QUAK** nicht geeignet.

L 4.22 (E) Um ein Wort im Spiegel richtig lesen zu können, muss es an einer vertikalen Achse gespiegelt werden. Im Wort **HAARANALYSE** sind die Buchstaben **H, A** und **Y** gleich ihrem Spiegelbild. Die anderen Buchstaben müssen gespiegelt folgendermaßen erscheinen: Я, И, Ј, Ƨ und Ǝ. Bei Lösungsvariante (**A**) ist fälschlich horizontal gespiegelt, bei (**B**) sind **E** und **S** nicht gespiegelt, bei (**C**) sind zwar die einzelnen Buchstaben gespiegelt, aber das Wort nicht, und bei (**D**) sind **L, N** und **R** nicht gespiegelt. Der Lehrling muss so wie in (**E**) schreiben.

L 4.23 (B) Wenn wir die Schrift richtig lesen wollten, müssten wir uns hinter Benjamin stellen und „durch ihn hindurch" auf sein T-Shirt gucken. Das können wir auch ohne einen „durchsichtigen" Benjamin hinkriegen, indem wir das Blatt umdrehen und gegen das Licht halten. Dann sehen wir dasselbe, nämlich das Spiegelbild des Aufdrucks.

L 4.24 (E) Wir zerlegen das Fliesenquadrat durch die Diagonalen in 4 Dreiecke, von denen jedes, vom Rand aus betrachtet, gleich aussehen muss. Wir erkennen, dass das linke und das obere Dreieck bereits gleich sind.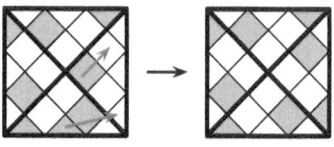
Tauschen wir – wie durch die Pfeile angedeutet – die mittlere silbergraue dreieckige Fliese im unteren Dreieck mit der unteren weißen dreieckigen Fliese des rechten Dreiecks und die silbergraue quadratische Fliese im rechten Dreieck mit der weißen quadratischen, die rechts oberhalb davon liegt, dann sind alle 4 Dreiecke gleich.

Faltübungen

L 4.25 (B) Die rechte Hälfte des Loches muss wie in der Zeichnung der Aufgabe aussehen, die linke Hälfte dazu gespiegelt. Das trifft nur für das Loch bei (**B**) zu.

L 4.26 (D) Stellen wir uns das quadratische Papierstück in den verschiedenen Varianten gefaltet vor, so liegen im Fall (**E**) nur 3 Blätter übereinander. Daraus können sicher keine 4 Löcher entstehen. In den Fällen (**A**), (**B**) und (**C**) würde sich in jedem der vier Felder, in die das Papierstück durch das Falten geteilt ist, je genau ein Loch befinden. Dabei kann sicher nicht das diagonal verlaufende Lochmuster entstanden sein. Nur bei (**D**) kann das Lochmuster entstanden sein.

L 4.27 (A) Die vier Löcher, die beim Auseinanderfalten sichtbar werden, liegen bezüglich der diagonalen Faltlinien gespiegelt zueinander. Das ist nur bei (**A**) der Fall.

L 4.28 (**A**) Wir stellen uns vor, dass das gefaltete Blatt wieder auseinandergefaltet wird und tragen darauf grau gepunktet die Faltlinien und schwarz die Schnittlinien ein. Dann können wir die Papierstücke, in die das Papier zerschnitten ist, zählen. Es sind 9 Papierstücke.

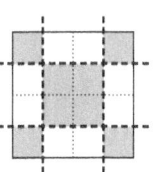

L 4.29 (**B**) Wir stellen uns vor, dass das gefaltete Blatt wieder auseinandergefaltet wird. Dann markieren wir die Schnittlinien auf dem Papier. Da genau in der Mitte geschnitten wurde, sind unter den 9 Papierstücken 5 Quadrate.

L 4.30 (**D**) Wir markieren grau, was abgeschnitten wird, und falten auseinander.

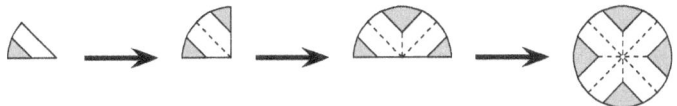

Lara erhält, was bei (**D**) zu sehen ist.

L 4.31 (**B**) Nach dem Abschneiden einer Ecke fehlt jedem der 9 kleinen Quadrate eine Ecke. Benachbarte beschnittene Quadrate sind dabei an der gemeinsamen Faltlinie zueinander gespiegelt, egal, wie gefaltet und welche Ecke abgeschnitten wurde. Das Blatt Papier sieht nun so aus wie im Bild (eventuell gedreht) und hat genau ein Loch.
Das lässt sich auch herausfinden, indem 4 Quadrate entsprechend gefaltet werden und jeweils eine andere Ecke abgeschnitten wird.

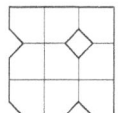

In drei Dimensionen

L 4.32 (**C**) Von den beiden Mädchen, die links schlafen, schläft eine auf dem linken, die andere auf dem rechten Ohr – ebenso, wie die beiden Mädchen, die rechts im Zimmer schlafen. Das heißt, auf jeder Seite des Zimmers schläft ein Mädchen auf dem rechten Ohr. Insgesamt sind das also zwei Mädchen, die auf dem rechten Ohr schlafen. Das sind übrigens Pia und Lea.

L 4.33 (**B**) Wenn in ein Seil ein Knoten gemacht wird, wird das Seil kürzer. Das Seil mit nur einem Knoten ist am längsten, das mit zwei Knoten „mittellang", das mit drei Knoten am kürzesten. So ist es nur bei (**B**).

L 4.34 (**A**) Wir stellen uns vor, dass wir das Muster wie eine Buchseite nach links umklappen. Dann sehen wir die Rückseite, und zwar so wie in (**A**).

L 4.35 (**C**) Da jede der 5 Figuren in den Antwortmöglichkeiten aus 10 gleich langen Teilen besteht, gibt es ganz sicher keine doppelt liegenden Teile. Die folgenden Bilder zeigen, dass Pia den Zollstock in die Stellungen (**A**), (**B**), (**D**) und (**E**) bringen kann:

In allen 4 Fällen gibt es nur an höchstens 2 Knickpunkten, und das sind die, wo die Enden des Zollstocks dazukommen, 3 Zollstockteile, die sich dort treffen. An allen anderen Knickstellen trifft sich eine gerade Zahl von Zollstockteilen. Bei (**C**) gibt es jedoch 4 Punkte, an denen sich eine ungerade Zahl von Zollstockteilen treffen müsste, und das ist nicht möglich.

L 4.36 (**B**) Der weiße Ring ist sowohl mit dem grauen Ring als auch mit dem schwarzen verbunden, aber der graue und der schwarze Ring sind *nicht* miteinander verbunden. Das ist nur in (**B**) zu sehen.
In (**A**) ist jeder Ring mit jedem anderen verbunden. In (**C**) ist kein Ring mit einem der anderen verbunden (obwohl die drei Ringe zusammenhalten – das sind die sogenannten „Borromäischen Ringe"). In (**D**) ist der graue Ring lose, und in (**E**) sind sogar alle drei Ringe lose.

L 4.37 (**A**) Angenommen (**A**) und (**B**) wären dieselbe Trommel. Stimmt der rechte graue Streifen von (**A**) mit dem linken grauen Streifen von (**B**) überein, so würden es mindestens 7 Streifen sein: . Würden die beiden Streifen nicht übereinstimmen, gäbe es sogar mindestens 8 Streifen. Da aber nur 6 Streifen auf der Trommel sind, sind (**A**) und (**B**) verschieden. Aus demselben Grund sind (**A**) und (**D**) verschieden. Damit folgt, dass (**A**) nicht Rans Trommel ist. Die richtige Reihenfolge der Streifen auf Rans Trommel ist .

L 4.38 (**C**) Wir stellen uns vor, dass wir den Körper geeignet drehen, sodass wir die Ansichten (**A**), (**B**), (**D**) und (**E**) erhalten. Ansicht (**C**) können wir nicht erhalten. Dieses Bild zeigt einen anderen Körper, und zwar den, der zu Finjas Körper gespiegelt ist.

4.2 Einfache Figuren in der Ebene 161

L 4.39 (**E**) Aus den gegebenen Ansichten schließen wir, dass das obere Ende des Kabels hinten etwa in der Mitte liegt. Dann verläuft das Kabel nach rechts vorn, dann ein Stück nach unten (was in der Draufsicht nicht erkennbar ist), dann zur linken hinteren unteren Ecke und schließlich gerade nach vorn zur linken vorderen unteren Ecke. Rechts ist die Vitrine im Schrägbild zu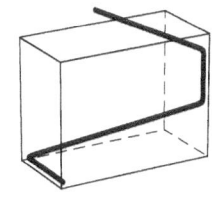
sehen. Von oben betrachtet verläuft das Kabel von hinten etwa in der Mitte nach rechts vorn, dann nach links hinten und dann nach links vorn – so wie in Bild (**E**).

L 4.40 (**D**) Wir stellen uns die Tunnel als festen Körper vor. Dann entspricht die Schnittfläche der Ebene mit diesem Körper der Form des Lochs. Die drei Tunnel treffen sich in einem kleinen Würfel in der Mitte. Die Schnittfläche mit diesem Würfel ist ebenfalls ein Sechseck. Von den sechs angren-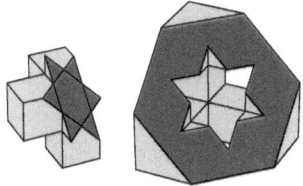
zenden Würfeln wird durch die Ebene jeweils eine kleine Ecke abgeschnitten, sodass als Schnittfläche jeweils ein kleines Dreieck zu sehen ist. Es ergibt sich ein Stern wie bei (**D**).

4.2 Einfache Figuren in der Ebene

Punkte und Strecken

L 4.41 (**E**) Die kürzere Schraube kann nur die mit der Nummer 5 sein, denn sie ist sicher kürzer als die aus dem Holz unten herausragende Schraube Nummer 1. Und es gibt nur *eine* kürzere Schraube.

L 4.42 (**A**) Da sich bei Schiene (**A**) nur 3 der 10 Löcher überlappen, weniger als bei den anderen Schienen, ist Schiene (**A**) die längste.

L 4.43 (**E**) Hätte Dunja die beiden Streifen hintereinander gelegt, so wäre der „Doppelstreifen" $2 \cdot 21\,\text{cm} = 42\,\text{cm}$ lang. Da ein Stück von $6\,\text{cm}$ Länge doppelt liegt, ist der verklebte Streifen $42\,\text{cm} - 6\,\text{cm} = 36\,\text{cm}$ lang.

L 4.44 (**B**) Wir lösen die Aufgabe mithilfe einer Zeichnung. Die Dachkante stellen wir als Gerade dar. Amsel und Drossel sitzen $1\,\text{m}$ voneinander entfernt. Wir stellen uns vor, dass wir so auf die Dachrinnenkante schauen, dass die Amsel links und die Drossel rechts sitzt. Für den Platz des Finken gibt es dann zwei Möglichkeiten:

1. Möglichkeit: Der Fink sitzt rechts vom Amsel-Drossel-Pärchen.

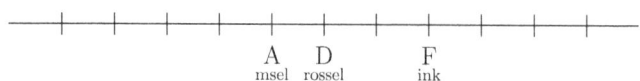

Der Star kann nun nicht 3 m links vom Fink sitzen, denn dort sitzt schon die Amsel. Wenn der Star allerdings 3 m rechts vom Fink sitzt, dann ist er 6 m von der Amsel entfernt, was der Vorgabe, dass Amsel und Star 4 m voneinander entfernt sitzen, widerspricht. Die 1. Möglichkeit fällt also weg.

2. Möglichkeit: Der Fink sitzt links vom Amsel-Drossel-Pärchen.

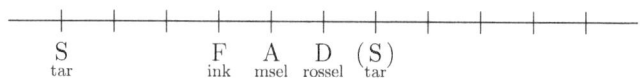

Für den Star gibt es hier zwei Möglichkeiten, 3 m vom Fink entfernt zu sitzen. Die rechts gezeichnete Möglichkeit entfällt, weil der Star ja nur 2 m von der Amsel entfernt wäre. Links vom Fink kann der Star sitzen. Er ist dann 4 m von der Amsel entfernt. Das ist dann auch die einzige Möglichkeit.
Drossel und Star sind am weitesten voneinander entfernt, nämlich 5 m.

L 4.45 (E) Die beiden am weitesten voneinander entfernten Punkte haben den Abstand 14 cm. Wir nennen diese Punkte A und B. Der Abstand 12 cm muss innerhalb der Strecke $\overline{AB}$ angenommen werden. Da 2 cm + 12 cm = 14 cm ist, befindet sich der dritte Punkt von einem der Punkte A oder B genau 2 cm entfernt, vom anderen 12 cm. Da 3 cm + 11 cm = 14 cm ist, befindet sich der vierte Punkt von einem der Punkte A oder B genau 3 cm entfernt, vom anderen 11 cm. Der vierte Punkt hat die Entfernung 3 cm von dem Punkt, von dem der dritte Punkt 12 cm entfernt ist, da es sonst zusätzlich eine Entfernung von 1 cm geben müsste. Der dritte und der vierte Punkt sind demzufolge 14 cm − 2 cm − 3 cm = 9 cm voneinander entfernt.

Umfangsberechnungen

L 4.46 (B) Die Dreiecke, die Elias zeichnet, haben beide denselben Umfang, dieser beträgt 6 cm + 10 cm + 11 cm = 27 cm. Da das zweite Dreieck gleichseitig ist, beträgt seine Seitenlänge 27 cm : 3 = 9 cm.

L 4.47 (C) Der Umfang des Quadrats ist 4 Quadratseiten lang. Jede Quadratseite ist folglich 36 cm : 4 = 9 cm lang. Der Umfang des Dreiecks besteht aus 3 Dreiecksseiten, von denen jede so lang ist wie eine Quadratseite. Der Umfang des Dreiecks ist daher 3 · 9 cm = 27 cm lang.

L 4.48 (D) Wir stellen uns vor, dass Lotte unten links mit dem Nachziehen des Randes beginnt und zuerst $3 \cdot 2\,\text{cm} = 6\,\text{cm}$ von links nach rechts zeichnet. Da sie nach dem Umranden wieder links unten ankommt, zeichnet sie auch 6 cm von rechts nach links, allerdings mit Unterbrechungen. Da Lotte bei ihrem Nachziehen auch 6 cm oberhalb der untersten Linie zeichnet, muss sie also 6 cm nach oben und wieder zurück zeichnen, ebenfalls mit Unterbrechungen. Damit ist die von ihr gezeichnete Linie genauso lang wie der Umfang des abgebildeten Quadrats, $4 \cdot 6\,\text{cm} = 24\,\text{cm}$.

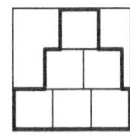

L 4.49 (E) Der Umfang eines Rechtecks setzt sich aus 2 kurzen und 2 langen Rechteckseiten zusammen, der Umfang des großen Quadrats aus 4 kurzen und 4 langen Rechteckseiten. Somit ist der Umfang des großen Quadrats doppelt so lang wie der Umfang eines Rechtecks, also $2 \cdot 16\,\text{cm} = 32\,\text{cm}$.

L 4.50 (D) Da der Flächeninhalt des großen Quadrats $64\,\text{cm}^2$ ist, beträgt seine Seitenlänge 8 cm. Diese Seitenlänge ist gerade der halbe Umfang eines grauen Rechtecks. Der Umfang eines grauen Rechtecks beträgt also $2 \cdot 8\,\text{cm} = 16\,\text{cm}$.

Winkelbestimmungen

L 4.51 (C) Jeder der beiden spitzen Innenwinkel des rechtwinkligen Dreiecks bildet mit einem der grau markierten Winkel einen gestreckten Winkel. Die Summe dieser vier Winkel beträgt folglich $2 \cdot 180° = 360°$. Da die Innenwinkelsumme im Dreieck 180° ist, beträgt die Summe der beiden spitzen Innenwinkel 90°. Damit beträgt die Summe der beiden grau markierten Winkel $360° - 90° = 270°$.

L 4.52 (D) Die beiden Strecken, die den Winkel β einschließen, sind Diagonalen in Rechtecken, deren Seitenverhältnis $2 : 3$ ist. Folglich sind die beiden an β grenzenden Winkel gleich groß und es gilt $2\alpha + \beta = 90°$.

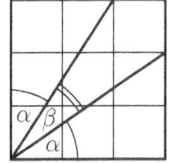

L 4.53 (C) Da $ABCD$ ein Quadrat ist, wird der 90°-Winkel bei D durch die Diagonale $\overline{BD}$ halbiert. Da das Dreieck ACE gleichseitig ist, verläuft die Gerade BD durch E. Folglich ist $\angle EDA$ als Nebenwinkel des 45°-Winkels $\angle ADB$ 135° groß.

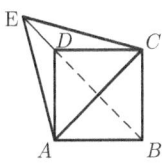

L 4.54 (C) Wenn das Auto oben in der Mitte der 2. Kurve angekommen ist, hat es sich einmal um die eigene Achse gedreht, also um 360°. Im Ziel angekommen, hat es sich dann um $2 \cdot 360° = 720°$ gedreht.

L 4.55 (B) Da die Strecken $\overline{AC}$ und $\overline{BC}$ gleich lang sind, ist das Dreieck ABC gleichschenklig mit Basis $\overline{AB}$. Daher ist $\angle CBA = \angle BAC = 20°$ und, weil die Innenwinkelsumme im Dreieck 180° beträgt, erhalten wir für den Winkel ACB:
$\angle ACB = 180° - 2 \cdot 20° = 140°$.
Da die Strecken $\overline{AC}$ und $\overline{AD}$ gleich lang sind, ist das Dreieck ADC gleichschenklig mit Basis $\overline{CD}$. Folglich gilt jetzt $\angle CDA = \angle ACD = (180° - 20°) : 2 = 80°$ und für den gesuchten Winkel DCB erhalten wir damit:
$\angle DCB = \angle ACB - \angle ACD = 140° - 80° = 60°$.

L 4.56 (C) Auf der Seite $\overline{AB}$ seien P und Q diejenigen Punkte, für die $|AP| = |PQ| = |QB| = \frac{1}{3}|AB| = |CD| = |AD|$ gilt. Das Viereck $APCD$ ist folglich ein Rhombus und, da $\angle CPA = \angle ADC = 120°$ ist,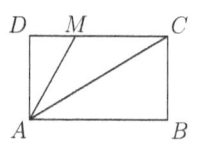
$\angle QPC = 180° - 120° = 60°$. Dreieck PQC ist gleichschenklig mit $|PQ| = |PC|$, seine Basiswinkel sind $\frac{1}{2}(180° - 60°) = 60°$ groß, es ist also sogar gleichseitig. Es ist $\angle BQC = 180° - 60° = 120°$, und wegen $|QC| = |QB|$ ist Dreieck QBC gleichschenklig. Der gesuchte Winkel $\angle CBA$ ist gleich dem Basiswinkel $\angle CBQ$ im gleichschenkligen Dreieck QBC und somit $\frac{1}{2}(180° - 120°) = 30°$ groß.

L 4.57 (D) Da $\overline{BC}$ halb so lang ist wie $\overline{AC}$, ist das Dreieck ABC ein halbes gleichseitiges Dreieck mit den Winkelgrößen $\angle BAC = 30°$, $\angle CBA = 90°$ und $\angle ACB = 60°$. Diese Winkel lassen sich auch mithilfe von Winkelfunktionen berechnen, da $\cos \angle ACB = 1/2$ gilt. Da Dreieck ACM nach Voraussetzung gleichschenklig ist, ist $\angle CAM = \angle MCA = 90° - 60° = 30°$.

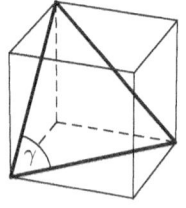

L 4.58 (B) Das markierte Viereck ist kein ebenes Viereck, seine Innenwinkelsumme ist also nicht notwendigerweise 360°. Der Winkel α ist Innenwinkel in einem Quadrat, folglich ist $\alpha = 90°$. Die Winkel β und δ sind Winkel zwischen einer Kante des Würfels und einer Flächendiagonalen und betragen ebenfalls jeweils 90°, da die Kanten in einem Würfel senkrecht auf den jeweiligen Flächen stehen. Um die Größe des Winkels γ zu ermitteln, verbinden wir die Endpunkte der zugehörigen markierten Strecken. Wir erhalten so das abgebildete gleichseitige Dreieck, denn seine Seiten sind Diagonalen gleich großer Quadrate und daher gleich lang. Also gilt $\gamma = 60°$. Die gesuchte Summe ist $\alpha + \beta + \gamma + \delta = 90° + 90° + 60° + 90° = 330°$.

Flächen vergleichen

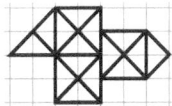

L 4.59 (D) Die Zeichnung zeigt eine mögliche Zerlegung. Wir zählen die kleinen Dreiecke, es sind 15.

L 4.60 (C) Beim ersten Quadrat in der Reihe ist mehr als die Hälfte gestreift, und beim Sechseck ist weniger als die Hälfte gestreift. Bei den anderen 4 Figuren ist der gestreifte Teil der Fläche genauso groß wie der weiße Teil.

L 4.61 (A) Da ein Quadrat durch jede seiner Diagonalen halbiert wird, hat jeder graue Streifen denselben Flächeninhalt wie der ihm gegenüberliegende weiße Streifen in der anderen Hälfte. Die Hälfte der Quadratfläche ist grau.

L 4.62 (B) Der Flächeninhalt des äußeren Teils der dunklen Herz-Fläche ist die Differenz der Flächeninhalte des größten und des zweitgrößten Herzens. Der Flächeninhalt des inneren Teils der dunklen Herz-Fläche ist die Differenz der Flächeninhalte des drittgrößten und des kleinsten Herzens. Die dunkle Fläche ist folglich $(16\,\text{cm}^2 - 9\,\text{cm}^2) + (4\,\text{cm}^2 - 1\,\text{cm}^2) = 7\,\text{cm}^2 + 3\,\text{cm}^2 = 10\,\text{cm}^2$ groß.

L 4.63 (E) Durch die beiden Diagonalen und die Parallelen zu den Seiten, die durch den Mittelpunkt des Quadrats verlaufen, wird das Quadrat in Achtel zerlegt. Der Anteil der grauen Flächen in A und B ist jeweils 2 Achtel, also gleich groß. In C und D sind jeweils 4 der Achtel nochmals halbiert und davon jeweils die Hälfte grau. Also ist der Anteil der grauen Flächen ebenso wie bei A und B jeweils 2 Achtel groß. Daher trifft (E) zu.

L 4.64 (B) Die „Schachbretter" bei (A), (C) und (E) haben jeweils gleich viele gleich große schwarze und weiße Quadrate. Demzufolge ist jeweils die Hälfte der Fläche schwarz. Bei (B) und (D) gibt es jeweils genau ein schwarzes Quadrat mehr als es weiße Quadrate sind, womit in diesen beiden Fällen der schwarze Teil der Fläche größer als die Hälfte der Fläche ist. Damit scheiden (A), (C) und (E) als Lösung aus. Da die schwarzen kleinen Quadrate bei (B) größer sind als die bei (D), ist der schwarze Teil der Fläche bei (B) am größten.

L 4.65 (C) Die dick umrandeten Dreiecke sind zueinander kongruent: sie stimmen in den Größen ihrer Innenwinkel sowie der Länge der dem Scheitelwinkel ⊲ gegenüberliegenden Seite überein. Der Flächeninhalt der grauen Fläche ist somit genauso groß wie der Flächeninhalt von einem der Quadrate, also $1\,\text{cm}^2$.
Lösungsvariante: Lassen wir wie im unteren Bild das weiße Quadrat weg, erhalten wir eine Figur, die punktsymmetrisch zu dem dick markierten Punkt ist. Bei dieser Punktspiegelung werden die weiße und die graue Fläche vertauscht. Die graue Fläche macht also die Hälfte dieser Figur aus, $1\,\text{cm}^2$.

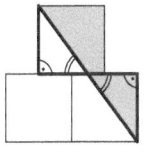

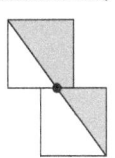

L 4.66 (D) Wir zerlegen das Muster in $10 \cdot 10 = 100$ gleich große kleine Quadrate. Von diesen sind $6 \cdot 6 = 36$ einfarbig grau und die übrigen $100 - 36 = 64$ zur Hälfte schwarz, da ein Quadrat durch seiner Diagonalen halbiert wird. Folglich ist $\frac{32}{100}$ der Tischdecke schwarz, d. h. 32%.

Rechnen mit Flächeninhalten

L 4.67 (A) Der gesuchte Flächeninhalt ist die Summe der Flächeninhalte der Quadrate mit den Seitenlängen 4 cm und 5 cm vermindert um den Flächeninhalt des Quadrats, in dem sich die beiden genannten Quadrate überlappen, denn dieser wurde in der Summe doppelt gezählt. Die Seitenlänge des „Überlappungsquadrats" ist halb so groß wie die Seitenlänge des kleinen Quadrats, da eine seiner Ecken im Mittelpunkt dieses Quadrats liegt, also 4 cm : 2 = 2 cm. Wir erhalten den gesuchten Flächeninhalt der grauen Fläche also folgendermaßen: $4 \cdot 4\,\text{cm}^2 + 5 \cdot 5\,\text{cm}^2 - 2 \cdot 2\,\text{cm}^2 = 16\,\text{cm}^2 + 25\,\text{cm}^2 - 4\,\text{cm}^2 = 37\,\text{cm}^2$.

L 4.68 (E) Da Samuel und Semira beim Summieren unterschiedliche Ergebnisse erhalten haben, müssen die Rechteckseiten unterschiedlich lang sein. Die längere Seite sei a, die kürzere Seite sei b lang. Samuel hat also $a+b+b = 26$ cm gerechnet und Semira $a+a+b = 28$ cm. Damit ist a um $28\,\text{cm} - 26\,\text{cm} = 2\,\text{cm}$ größer als b. Setzen wir $a = b+2$ cm in Samuels Rechnung ein, erhalten wir $b = 8$ cm und daraus $a = 10$ cm. Der gesuchte Flächeninhalt beträgt folglich $8\,\text{cm} \cdot 10\,\text{cm} = 80\,\text{cm}^2$.

L 4.69 (C) Der Flächeninhalt des Quadrats beträgt $30\,\text{cm} \cdot 30\,\text{cm} = 900\,\text{cm}^2$. Da die drei Teile denselben Flächeninhalt haben, ist der Flächeninhalt des Dreiecks PBC gleich $900\,\text{cm}^2 : 3 = 300\,\text{cm}^2$. Da das Dreieck PBC rechtwinklig ist, ist sein Flächeninhalt $\frac{1}{2} \cdot |PB| \cdot |BC| = \frac{1}{2} \cdot |PB| \cdot 30\,\text{cm} = 300\,\text{cm}^2$. Die Strecke $\overline{PB}$ ist somit 20 cm lang.

L 4.70 (A) Eine Dreiecksfläche berechnet sich als das halbe Produkt aus den Längen der Grundlinie und der zugehörigen Höhe. Die grauen Flächen sind mit einer Ausnahme Dreiecke. Bezogen auf die untere bzw. obere Quadratseite sind die Höhen dieser Dreiecke alle so lang wie die Seiten des Quadrats. Bei (D) und (E) ist die Länge der Grundlinie gleich der Seitenlänge des Quadrats. Bei (B) und (C) ist die *Summe* der Längen der 2 bzw. 3 Grundlinien gleich der Seitenlänge des Quadrats. In jedem Fall ist die graue Fläche halb so groß wie die Quadratfläche. Bei (A) ist der rechte „Zahn" ein Trapez. Die beiden dunkelgrauen Dreiecke sind zusammen wieder halb so groß wie die Quadratfläche, aber das hellgraue Teil kommt dazu, sodass die graue Fläche bei (A) insgesamt größer als die halbe Quadratfläche und damit die größte graue Fläche ist.

L 4.71 (A) Wir berechnen den gesuchten Flächeninhalt, indem wir vom Flächeninhalt der Fläche, die von den 14 Rechtecken bedeckt ist, den Flächeninhalt des Dreiecks abziehen. Dieser ist $\frac{1}{2} \cdot 100\,\text{cm} \cdot 60\,\text{cm} = 3000\,\text{cm}^2$. Die Rechtecke haben die Seitenlängen $60\,\text{cm} : 4 = 15\,\text{cm}$ und $100\,\text{cm} : 5 = 20\,\text{cm}$ und somit den Flächeninhalt $15\,\text{cm} \cdot 20\,\text{cm} = 300\,\text{cm}^2$. Der gesuchte Flächeninhalt beträgt also $14 \cdot 300\,\text{cm}^2 - 3000\,\text{cm}^2 = 4200\,\text{cm}^2 - 3000\,\text{cm}^2 = 1200\,\text{cm}^2$.

L 4.72 (B) Zu jedem der grauen Dreiecke zeichnen wir die Höhe auf die jeweilige Seite der Länge 2 cm. Weil die gegenüberliegenden Quadratseiten zueinander parallel sind und die Höhen auf ihnen senkrecht stehen, gilt $h_1 + h_2 = 8\,\text{cm}$. Für den gesuchten Flächeninhalt folgt

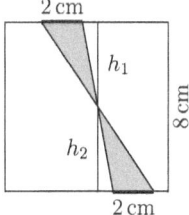

$$\frac{1}{2} \cdot 2\,\text{cm} \cdot h_1 + \frac{1}{2} \cdot 2\,\text{cm} \cdot h_2 = \frac{1}{2} \cdot 2\,\text{cm} \cdot (h_1 + h_2) = 8\,\text{cm}^2$$

Lösungsvariante: Wir können benutzen, dass die beiden Dreiecke kongruent sind (eine Seite, angrenzende Wechselwinkel: WSW). Dann ergibt sich sofort, dass die Höhe halb so lang wie die Quadratseite ist, womit die Flächenberechnung klar ist.

L 4.73 (D) Die Seitenlängen der kleinen weißen Dreiecke verhalten sich zu denen des ähnlichen großen Dreiecks wie $1 : 5$. Dann verhalten sich die zugehörigen Flächeninhalte zueinander wie $1^2 : 5^2 = 1 : 25$. Der Anteil der weißen Fläche an der Fläche des Dreiecks beträgt somit $\frac{3}{25}$. Dann sind also $\frac{25-3}{25} = \frac{22}{25} = \frac{88}{100}$ der Dreiecksfläche grau. Das sind 88 %.

L 4.74 (A) Wir bezeichnen die Seitenlänge des Quadrats $ABCD$ mit a und den Schnittpunkt der Geraden AQ und BP mit S. Wir berechnen den Flächeninhalt der schraffierten Fläche, indem wir vom Flächeninhalt des Dreiecks ABR den Flächeninhalt des Dreiecks ABS abziehen.
Der Flächeninhalt von Dreieck ABR beträgt $\frac{1}{2} \cdot a \cdot a = \frac{1}{2}a^2$.
Im Dreieck ABS wählen wir als Grundseite $\overline{AB}$. Da P und Q die Mittelpunkte der Seiten $\overline{AD}$ bzw. $\overline{BC}$ sind, ist $ABQP$ ein Rechteck, dessen Diagonalen sich in S schneiden, dem Mittelpunkt von $ABQP$. Also hat die Höhe von S auf $\overline{AB}$ die Länge $\frac{1}{4}a$ und der Flächeninhalt von Dreieck ABS ist damit $\frac{1}{2} \cdot a \cdot \frac{1}{4}a = \frac{1}{8}a^2$.
Folglich ist der Flächeninhalt der schraffierten Fläche $\frac{1}{2}a^2 - \frac{1}{8}a^2 = \frac{3}{8}a^2$, und der gesuchte Anteil ist $\frac{3}{8}$.

L 4.75 (B) Die Summe der Flächeninhalte der beiden Quadrate ist $a^2 + b^2$. Wenn wir davon den Flächeninhalt der drei dick umrandeten weißen rechtwinkligen Dreiecke abziehen, erhalten wir den Flächeninhalt des grauen Dreiecks.

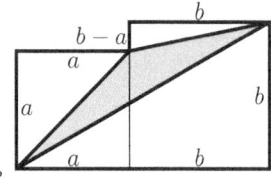

$(a^2 + b^2) - \frac{1}{2} \cdot a \cdot a - \frac{1}{2} \cdot (a+b) \cdot b - \frac{1}{2} \cdot (b-a) \cdot b = \frac{a^2}{2}$.

Lösungsvariante: Das graue Dreieck hat denselben Flächeninhalt wie die rechte untere Hälfte des linken Quadrats, denn beide Dreiecke haben eine Seite gemeinsam (die Diagonale) und die zugehörigen Höhen sind gleich lang, da die Diagonalen der beiden Quadrate zueinander parallel sind.

L 4.76 (C) Wir bezeichnen mit h die Länge der Höhe des Trapezes $ABCD$. Der Flächeninhalt des Trapezes $ABCD$ ist bekanntlich $\frac{|AB| + |CD|}{2} \cdot h$, beträgt also $\frac{50\,\text{cm} + 20\,\text{cm}}{2} \cdot h = 35\,\text{cm} \cdot h$. Der Flächeninhalt des Dreiecks AED ist $\frac{1}{2} \cdot |AE| \cdot h$. Da das Dreieck AED nach Aufgabenstellung halb so groß wie das Trapez $ABCD$ ist, gilt $\frac{1}{2} \cdot |AE| \cdot h = \frac{1}{2} \cdot 35\,\text{cm} \cdot h$. Also ist $\overline{AE}$ genau 35 cm lang.

L 4.77 (D) Wenn wir das graue Viereck durch eine Diagonale des Quadrats in zwei Dreiecke zerlegen, gibt es vier graue Dreiecke, deren Grundseiten die Längen p, q, r bzw. s haben, und deren zugehörige Höhen alle dieselbe Länge besitzen, nämlich die der Quadratseite. Da der Flächeninhalt des Quadrats 36 cm² beträgt, ist die Quadratseite 6 cm lang. Die Summe der Flächeninhalte der grauen Flächen ist also $\frac{1}{2} \cdot 6\,\text{cm} \cdot (p + q + r + s) = 27\,\text{cm}^2$, woraus $p + q + r + s = 9\,\text{cm}$ folgt.

L 4.78 (D) Die Diagonale zerlegt das Quadrat in zwei kongruente Dreiecke mit dem Flächeninhalt 15 cm². Zeichnen wir *alle* Verbindungsstrecken zwischen markierten Punkten und Quadratecken ein, so wird das Quadrat in 10 Dreiecke zerlegt, die je einen der Abschnitte a, b, c, d oder e als Grundseite und alle dieselbe zugehörige Höhe haben. Dreiecke mit derselben Grundseite sind dabei zueinander kongruent, womit sie denselben Flächeninhalt haben, sodass sich der Flächen-

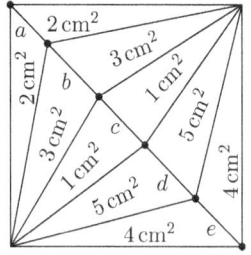

inhalt aller 10 Dreiecke ermitteln lässt. Der Flächeninhalt der beiden Dreiecke mit Grundseite c ergibt sich dabei jeweils als Differenz zu 15 cm². Weil alle 10 Dreiecke dieselbe Höhe haben, haben diejenigen mit dem größten Flächeninhalt auch die längste Grundseite. Also ist d am längsten.

4.3 Mit dem Satz des Pythagoras

L 4.79 (C) Es ist $\overline{CD}$ eine Kante des Würfels, $\overline{DE}$, $\overline{CH}$ und $\overline{DG}$ sind Seitendiagonalen und $\overline{DF}$ ist eine Raumdiagonale. Jede Seitendiagonale ist Hypotenuse in einem rechtwinkligen Dreieck mit zwei Kanten als Katheten, also länger als eine Kante (und zwar nach dem Satz des Pythagoras $\sqrt{2}$-mal so lang). Jede Raumdiagonale ist Hypotenuse in einem rechtwinkligen Dreieck mit einer Kante und einer Seitendiagonale als Katheten, also länger als eine Seitendiagonale (und zwar nach dem Satz des Pythagoras $\sqrt{3}$-mal so lang wie eine Kante).

L 4.80 (E) Nach der Umkehrung des Satzes des Pythagoras ist ein Dreieck nur dann rechtwinklig, wenn die Summe der Quadrate der Kathetenlängen gleich dem Quadrat der Hypotenusenlänge ist.
Das ist nur bei (**E**) der Fall: $(\sqrt{1})^2 + (\sqrt{2})^2 = 1 + 2 = 3 = (\sqrt{3})^2$.

L 4.81 (C) Die entsprechenden Seitenlängen des Dreiecks seien x cm, y cm, z cm. Dann gilt nach dem Satz des Pythagoras $x^2 + y^2 = z^2$. Für die Flächeninhalte der Halbkreise gilt $X = \frac{1}{8}\pi x^2$, $Y = \frac{1}{8}\pi y^2$, $Z = \frac{1}{8}\pi z^2$. Eingesetzt in die erste Gleichung ergibt sich $\frac{8}{\pi}X + \frac{8}{\pi}Y = \frac{8}{\pi}Z$, also $X + Y = Z$.

L 4.82 (A) Die Seitenlänge des Quadrats sei a. Wir verbinden den Mittelpunkt des Durchmessers mit einem der Berührungspunkte von Quadrat und Halbkreis. Diese Verbindungslinie hat die Länge des Radius, also 1 cm. Dann ist nach dem Satz des Pythagoras

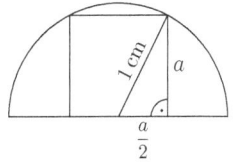

$1^2 \,\text{cm}^2 = a^2 + \left(\frac{a}{2}\right)^2 = \frac{5}{4}a^2$, und der Flächeninhalt des Quadrats ist $a^2 = \frac{4}{5}\,\text{cm}^2$.

L 4.83 (E) Der Schnittpunkt der Diagonalen sei M. Auf die vier rechtwinkligen Dreiecke wenden wir den Satz des Pythagoras an und erhalten die Gleichungen: $|AD|^2 = |AM|^2 + |DM|^2$, $2017^2 = |AM|^2 + |BM|^2$, $2018^2 = |BM|^2 + |CM|^2$ und $2019^2 = |CM|^2 + |DM|^2$. Daraus ergibt sich

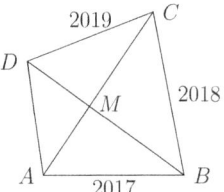

$$\begin{aligned}|AD|^2 &= (2017^2 - |BM|^2) + (2019^2 - |CM|^2) \\ &= 2017^2 + 2019^2 - (|BM|^2 + |CM|^2) = 2017^2 + 2019^2 - 2018^2\end{aligned}$$

Mithilfe der 3. und der 1. binomischen Formel erhalten wir

$$\begin{aligned}|AD|^2 &= 2017^2 + (2019 + 2018)(2019 - 2018) = 2017^2 + 2019 + 2018 \\ &= 2017^2 + 2 \cdot 2017 + 2 + 1 = (2017 + 1)^2 + 2 = 2018^2 + 2\end{aligned}$$

Damit ist $|AD| = \sqrt{2018^2 + 2}$.

L 4.84 (E) Die beiden Rechteckseiten, die zur oberen bzw. zur unteren Würfelseite gehören, sind nach dem Satz des Pythagoras jeweils $\sqrt{x^2+x^2} = \sqrt{2}\cdot x$ lang. Wir wenden nun zweimal den Satz des Pythagoras an, um die Länge der anderen beiden Rechteckseiten zu berechnen.

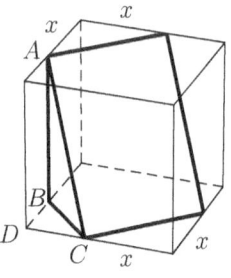

Dazu fällen wir von A das Lot auf die darunterliegende Würfelkante, der Lotfußpunkt sei B. Das Dreieck BDC ist rechtwinklig, die Strecken $\overline{BD}$ und $\overline{DC}$ haben jeweils die Länge $1-x$, woraus folgt, dass die Strecke $\overline{BC}$ nach dem Satz des Pythagoras $\sqrt{2}\cdot(1-x)$ lang ist. Da das Dreieck ABC rechtwinklig ist, sind wir nun in der Lage – wieder mit Hilfe des Satzes des Pythagoras – die Länge von $\overline{AC}$ zu errechnen: $|AC| = \sqrt{1^2 + 2\cdot(1-x)^2}$.

Damit das Rechteck ein Quadrat ist, muss $\sqrt{2}\cdot x = \sqrt{1^2+2\cdot(1-x)^2}$ sein.

Das bedeutet $2x^2 = 1 + 2\cdot(1-x)^2$, d. h. $2x^2 = 3 - 4x + 2x^2$ bzw. $x = \dfrac{3}{4}$.

4.4 Rund um den Kreis

L 4.85 (D) Der Durchmesser der Kreise ist genauso lang wie die kürzere Rechteckseite, also 7 cm. Ziehen wir von der längeren Rechteckseite den Durchmesser ab, genauer gesagt zweimal den Radius, so bleibt der gesuchte Abstand der Mittelpunkte übrig. Er beträgt $11\,\text{cm} - 7\,\text{cm} = 4\,\text{cm}$.

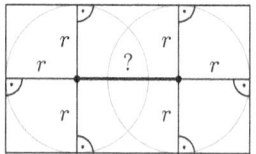

L 4.86 (E) Ein Kreis mit Radius $r = 1$ hat einen Umfang von $2\pi\cdot r = 2\pi$. Wenn dieser Kreis eine Strecke der Länge 11π rollt, dann rollt er seinen Umfang wegen $11 = 5{,}5\cdot 2$ genau fünfeinhalb mal ab und kommt genau so zu liegen wie nach nur einer halben Umdrehung. Dann liegt der weiße Kreissektor unten, der graue rechts oben und der schwarze links oben, wie in (E) zu sehen ist.

L 4.87 (B) Durch zwei Strecken kann das Quadrat in vier gleich große Quadrate zerlegt werden. Die bei der Teilung entstandenen grauen Viertelkreise haben denselben Radius und Flächeninhalt wie die weißen Viertelkreise. Also nimmt die graue Fläche genau die Hälfte der Fläche des großen Quadrats ein, das sind $2\,\text{cm}^2$.

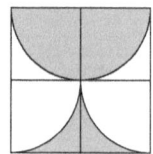

4.4 Rund um den Kreis 171

L 4.88 (**E**) In jeder der Figuren setzt sich der Umfang aus Strecken und Kreisbögen zusammen, wobei Strecken und Kreisbögen im Wechsel auftreten und im Berührungspunkt mit dem jeweiligen Kreis knickfrei ineinander übergehen.

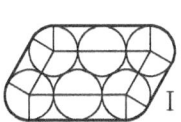 

Da die Berührungsradien stets senkrecht auf der Tangente stehen, finden wir Paare aufeinanderfolgender Berührungsradien, die zueinander parallel sind. Da beim Messen des Umfangs eine Bewegung um 360° stattfindet – das trifft für beide Packungen zu – ist der Umfang jeweils die Summe eines Kreisumfangs und der Längen der Strecken zwischen den Berührungspunkten. Die Längen der Strecken sind Vielfache der Durchmesser der Stifte. Wir bezeichnen den Durchmesser eines Stiftes mit d, den Umfang eines Stiftes mit u. Dann gilt sowohl $U_I = u + 6d$ als auch $U_{II} = u + 6d$. U_I und U_{II} sind gleich lang.

L 4.89 (**C**) Da jede der eingezeichneten Dreiecksseiten ein Radius ist, sind die Dreiecke gleichseitig und ihre Winkel sind 60° groß. Daher gehört zu dem dick gezeichneten Bogen des unteren Kreises ein Mittelpunktswinkel von $360° - 2 \cdot 60° = 240°$. Da Mittelpunktswinkel und Länge des Bogens zueinander proportional sind, gehören zu den zwei Dritteln des Vollwinkels von 360° zwei Drittel des Kreisumfangs. Dies trifft ebenso für den oberen Kreis zu. Vom mittleren Kreis kommt zum Umfang der Figur ein dem Winkel von $360° - 4 \cdot 60° = 120°$ entsprechendes Stück des Kreisbogens, also ein Drittel des Kreisumfangs dazu. Insgesamt misst der Umfang der Figur damit $2 \cdot \frac{2}{3}u + \frac{1}{3}u = \frac{5}{3}u$.

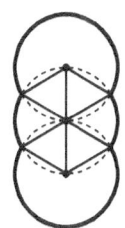

L 4.90 (**A**) Die drei grauen Felder, die denselben Flächeninhalt haben, sind ein Viertel des kleinen Kreises bzw. jeweils ein Viertel der entsprechenden Kreisringe. Da die Viertel gleich groß sind, sind auch der kleine Kreis und die beiden Kreisringe gleich groß. Also ist der Flächeninhalt des großen Kreises dreimal so groß wie der des kleinen Kreises. Der Flächeninhalt des kleinen Kreises ist $\pi \cdot 1^2 = \pi$, der des größten somit 3π. Den Radius r des größten Kreises erhalten wir aus der Formel für den Flächeninhalt $\pi r^2 = 3\pi$, also $r = \sqrt{3}$.

L 4.91 (**B**) Jedes der acht kongruenten, grauen Flächenstücke lässt sich in einen Viertelkreis mit Radius 1 und ein „Außenstück" eines solchen Viertelkreises zerlegen. Jedes dieser Flächenstücke hat also den Flächeninhalt 1 und alle zusammen somit den Flächeninhalt 8.

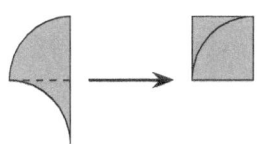

4.5 Räumliche Geometrie

Würfelbauwerke

L 4.92 (**A**) Der fertige $3 \times 3 \times 3$-Würfel besteht aus $3 \cdot 3 \cdot 3 = 27$ kleinen Würfeln. In Maximilians Bauwerk zählen wir 6 kleine Würfel in der unteren Schicht und 2 kleine Würfel darüber, insgesamt also 8 kleine Würfel. Maximilian fehlen daher noch $27 - 8 = 19$ kleine Würfel.

L 4.93 (**A**) Da bei jedem Bauwerk in der unteren Würfelreihe gleich viele Flächen gestrichen werden (die Grundflächen, die Seitenflächen sowie jeweils 2 Würfelflächen, die nach oben weisen), zählen wir diese nicht mit. Von den 3 Würfeln in der oberen Würfelreihe müssen bei (**A**) 15, bei (**B**) 13, bei (**C**) 11, bei (**D**) 13 und bei (**E**) 11 Seitenflächen gestrichen werden. Die meiste Farbe braucht Ada bei (**A**).

L 4.94 (**C**) Die beiden Endwürfel des Gebildes kleben nur mit *einer* Seite am Gebilde. Sie haben folglich 5 rot angemalte Seiten. Jeder andere Würfel ist mit genau 2 Seiten verklebt, hat also 4 rot angemalte Seiten. Es sind $10 - 2 = 8$ Würfel mit 4 rot angemalten Seiten.

L 4.95 (**C**) Die beiden Türme, deren Höhe gesucht ist, stehen direkt neben dem höchsten Turm, und der ist 4 Steine hoch. Daran lässt sich gut ablesen, dass einer der beiden Türme 2 Steine und der andere 3 Steine hoch ist. Die gesuchte Summe ist also 5.

L 4.96 (**C**) Bei dem merkwürdigen Gebilde, das Mats gebaut hat, zählen wir von links nach rechts 5 kleine Würfel. Von vorn nach hinten zählen wir 4 kleine Würfel. Und von unten nach oben 3 kleine Würfel. Die Maße der Schachtel sind also $3\,\text{cm} \times 4\,\text{cm} \times 5\,\text{cm}$.

L 4.97 (**D**) Wir stellen uns den Quader von oben nach unten in 5 Scheiben zerlegt vor, jede Scheibe so dick wie ein kleiner Würfel. Die 1., die 3. und die 5. Scheibe sehen völlig gleich aus und bestehen jeweils aus 4 weißen und 5 schwarzen Würfeln. Bei der 2. und der 4. Scheibe sind schwarz und weiß im Vergleich zu den anderen Scheiben vertauscht, es sind also 4 schwarze und 5 weiße Würfel. Insgesamt sind im Würfel $3 \cdot 4 + 2 \cdot 5 = 22$ weiße Würfel.

L 4.98 (**C**) In Kalils Quader sind $2 \cdot 2 \cdot 6 = 24$ Bausteine verbaut. Da Jolanda die unterste Schicht ihres Quaders mit $2 \cdot 3 = 6$ Bausteinen bereits fertig hat, wird ihr Quader insgesamt $24 : 6 = 4$ Schichten haben.

4.5 Räumliche Geometrie

L 4.99 (D) Wie das Bild zeigt, kann der Würfel bei (D) aus neun solchen Stäben bestehen.

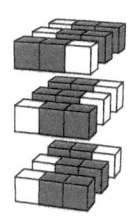

Die anderen vier Würfel können nicht aus neun solchen Stäben bestehen: Bei (A) gehört der dunkle Würfel vorn links oben sicher nicht zu einem solchen Stab, bei (B) der helle Würfel vorn rechts in der Mitte und bei (C) der helle Würfel vorn links oben. Würde der Würfel bei (E) aus neun solchen Stäben bestehen, so würden sich der Stab, zu dem der dunkle Würfel vorn oben in der Mitte gehört, und der Stab, zu dem der dunkle Würfel vorn rechts in der Mitte gehört, im hellen Würfel vorn rechts oben überschneiden – das ist also auch nicht möglich.

L 4.100 (D) Wir stellen den großen Würfel so auf den Tisch, dass die ganz links gezeichnete Seitenfläche die untere Seitenfläche ist. Von den vier übrigen Seitenflächen befinden sich mindestens drei an den Seiten des großen Würfels. Davon liegen zwei einander gegenüber. Der schwarze Würfel, der auf ihnen zu sehen ist, muss zur unteren Schicht des großen Würfels gehören. Seine obere Schicht besteht also aus vier weißen Würfeln. Die obere ist die gesuchte sechste Seitenfläche, sie ist komplett weiß und in (D) abgebildet.

L 4.101 (D) Von den kleinen Würfeln, die die Oberfläche des großen Würfels bilden, sind 8 in den 8 Ecken des großen Würfels, $12 \cdot 2 = 24$ auf den 12 Kanten des großen Würfels, worunter jedoch keine Eckwürfel sind, und $6 \cdot 4 = 24$ auf den 6 Seitenflächen des Würfels, worunter jedoch weder Eck- noch Kantenwürfel sind. Die Eckwürfel sind mit 3 ihrer Seitenflächen an der Oberfläche des großen Würfels beteiligt, die Kantenwürfel mit 2 ihrer Seitenflächen, die restlichen äußeren Würfel mit nur einer Seitenfläche. Da wir einen möglichst großen Anteil der Oberfläche des großen Würfels weiß haben möchten, wählen wir weiße Würfel zuerst als Eckwürfel und dann als Kantenwürfel. Da $8 + 24 = 32$ ist, stehen damit die Positionen aller 32 weißen Würfel bereits fest. Diese 32 weißen Würfel tragen zur Oberfläche des großen Würfels mit $8 \cdot 3 + 24 \cdot 2 = 72$ Seitenflächen bei.

L 4.102 (D) Wir unterscheiden die kleinen Würfel danach, ob sie zur Oberfläche oder zum Inneren des $5 \times 5 \times 5$-Würfels gehören. Die $3 \cdot 3 \cdot 3 = 27$ Würfel im Inneren haben auf jeden Fall keine bemalte Seite. Von den äußeren Würfeln haben demzufolge genau $45 - 27 = 18$ keine bemalte Seite.
Zu jeder unbemalten Seite des großen Würfels gehören mindestens neun kleine Würfel, die keine bemalte Seite haben, nämlich diejenigen, die nicht an einer Kante liegen.
Wenn Ioannis mindestens drei Seiten des großen Würfels unbemalt gelassen hätte, dann hätten mindestens $3 \cdot 9 = 27$ äußere Würfel keine bemalte Seite. Wenn er nur eine Seite des großen Würfels unbemalt gelassen hätte, so hätten genau neun äußere Würfel keine bemalte Seite. Folglich hat Ioannis zwei Seiten des großen Würfels unbemalt gelassen, und zwar zwei gegenüberliegende, wie man sich überlegen kann. Ioannis hat also vier Seiten des großen Würfels rot angestrichen.

L 4.103 (D) Wir skizzieren, wie die einzelnen Schichten des Körpers von oben nach unten aussehen:

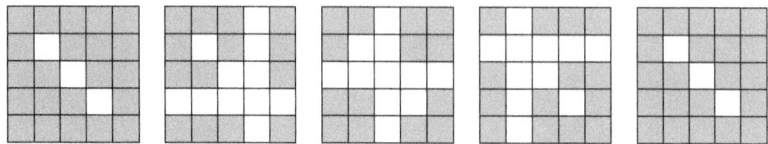

Durch Abzählen finden wir, dass der Körper aus 86 kleinen $1 \times 1 \times 1$-Würfeln besteht.

Man kann sich durch genaues Betrachten auch überlegen, dass von den jeweils 5 zu einem Tunnel gehörigen kleinen 1×1×1-Würfeln 4 Würfel nur zu diesem Tunnel gehören und einer zu 3 Tunneln (einem in jeder Richtung). Mithilfe von dreidimensionalen Koordinaten (k, ℓ, m) für den kleinen 1×1×1-Würfel in der k-ten Ebene von links, der ℓ-ten Ebene von vorn und der m-ten Ebene von unten lassen sich die herausgestoßenen Würfel auch übersichtlich aufschreiben:

Tunnel von oben nach unten: $(2, 4, m)$ $(3, 3, m)$ $(4, 2, m)$
Tunnel von vorn nach hinten: $(2, \ell, 2)$ $(3, \ell, 3)$ $(4, \ell, 4)$
Tunnel von links nach rechts: $(k, 4, 2)$ $(k, 3, 3)$ $(k, 2, 4)$

Die kleinen 1×1×1-Würfel $(2, 4, 2)$, $(3, 3, 3)$ und $(4, 2, 4)$ gehören zu 3 Tunneln, alle übrigen nur zu einem Tunnel. Also wurden $3 \cdot 3 \cdot 4 + 3 = 39$ 1×1×1-Würfel herausgestoßen. Da $5 \cdot 5 \cdot 5 - 39 = 125 - 39 = 86$ ist, besteht der abgebildete Körper aus 86 kleinen 1×1×1-Würfeln.

Körpernetze

L 4.104 (B) Die Zeichnung zeigt die entstandene Schachtel. Sie liegt mit der Seite B auf dem Tisch.

L 4.105 (B) Wir stellen uns vor, dass die Deckfläche, also das Dreieck WUV, nach vorn geklappt und dann die Mantelfläche von links nach rechts vorn herum gefaltet wird. Dabei fällt U mit Y zusammen und V mit X.

L 4.106 (E) In Bild (**E**) überlappen sich beim Falten die beiden grauen Dreiecke, das ist kein Netz für eine Pyramide. Die Bilder (**A**) bis (**D**) zeigen Pyramidennetze.

L 4.107 (E) Im fertigen Würfel liegen das erste und dritte sowie das zweite und vierte Quadrat von den vier im jeweiligen Würfelnetz in einer Reihe liegenden Quadraten einander gegenüber. Das obere und das untere Quadrat bilden jeweils das dritte Paar gegenüberliegender Seiten. Bei (**E**) sind diese beiden weiß, also nicht verschieden gefärbt. Das ist das gesuchte, nicht passende Würfelnetz.

4.5 *Räumliche Geometrie*   175

L 4.108 (**D**) Beim Zusammenfalten der gezeichneten Figur sind die Quadrate 3 und 7 beide auf der Würfelseite, die der Seite mit der 1 gegenüberliegt. Jedes der beiden Quadrate, jedoch kein anderes, kann weggeschnitten werden.

L 4.109 (**B**) Ein Kegel entsteht, wenn ein Kreissektor zusammengerollt wird, ein Kegelstumpf, wenn von dem Kreissektor ein kleinerer Kreissektor mit derselben Spitze und demselben Öffnungswinkel abgeschnitten wird. Das zeigt Bild (**B**). Welche Körper mit den gezeigten Transparentpapier-Stücken beklebt werden können, zeigen die folgenden Bilder:

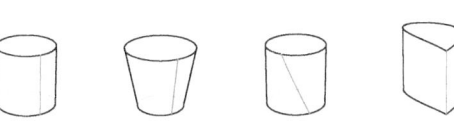

L 4.110 (**E**) Wir überlegen für jedes Netz, an welche Kanten die beiden Enden der Linien beim Falten stoßen:

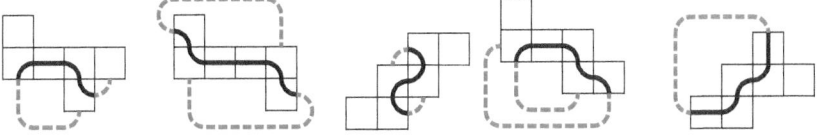

Nur bei (**E**) treffen die beiden Linienenden zusammen und ergeben nach dem Falten eine geschlossene Linie. Wie die Linien auf der Oberfläche der einzelnen Würfel verlaufen, zeigen die folgenden Bilder:

    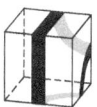

L 4.111 (**A**) Das Würfelnetz hat bei allen fünf Antwortmöglichkeiten dieselbe Form. Im linken Bild ist dargestellt, welche Kanten beim Falten aufeinandertreffen. Wenn auf dem zugehörigen Würfel eine geschlossene Linie zu sehen ist, dann trifft jedes Linienende auf ein anderes Linienende.

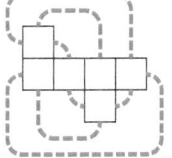 

Das ist nur bei (**A**) der Fall. Wie die Linie auf der Oberfläche dieses Würfels verläuft, zeigt das Bild daneben.

L 4.112 (**E**) Die Abbildung rechts zeigt, wie das Oktaeder gefaltet werden kann. Es ist zu erkennen, dass Kante 5 mit Kante x beim Falten zusammenfällt.

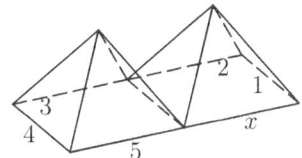

Volumenberechnung

L 4.113 (D) Bei (A) ist das bis zum 6. Eichstrich gefüllte Glas zu sehen. Kippt man jetzt das zylindrische Glas, dann wird die Wassersäule auf der einen Seite um so viel höher als 6 sein, wie sie auf der anderen Seite niedriger als 6 ist. Während dies bei (B) (10 zu 2), bei (C) (4 zu 8), und bei (E) (5 zu 7) der Fall ist, wird bei (D) der obere Eichstrich bei 9 berührt, der untere jedoch nicht bei 3 sondern bei 4. Dieses Glas enthält mehr Wasser als die anderen.

L 4.114 (C) Der Anstieg der Wasserhöhe ist relativ *pro Quadratmeter*, hängt also *nicht* von den genauen Maßen des Beckens ab. Da das Wasservolumen das Produkt aus dem Flächeninhalt der Grundfläche und der Wasserhöhe ist, ergibt sich der gesuchte Anstieg, wenn wir das Wasservolumen pro Quadratmeter durch den Inhalt eines Quadratmeters teilen. Da $1\,\ell = 1\,dm^3 = 1000\,cm^3$ sind, stieg der Wasserspiegel folglich um $15\,\ell : 1\,m^2 = 15000\,cm^3 : 10000\,cm^2 = 1{,}5\,cm$.

L 4.115 (D) Da die kürzeste und die mittlere Seite zusammen 7 cm lang sind und die kürzeste und die längste Seite zusammen 10 cm, ist die längste Seite 3 cm länger als die mittlere. Ziehen wir diese Differenz von 3 cm zweimal von den 26 cm ab, bleibt die Länge 20 cm als Vierfaches der Länge der mittleren Seite übrig. Die mittlere Seite ist folglich 5 cm lang. Daraus ergibt sich, dass die längste Seite 5 cm + 3 cm = 8 cm und die kürzeste Seite 7 cm − 5 cm = 2 cm lang sind.
Das Volumen V des Quaders beträgt folglich $V = 2\,cm \cdot 5\,cm \cdot 8\,cm = 80\,cm^3$.

L 4.116 (C) Um die Aufgabe zu lösen, ist die Höhe eines Quaders auszurechnen, der eine Grundfläche von $100\,cm^2$ und ein Volumen von $2\,cm \cdot 2\,cm \cdot 2\,cm = 8\,cm^3$ hat. Wir rechnen also $\frac{8\,cm^3}{100\,cm^2} = 0{,}08\,cm$. Das Wasser steht 5,08 cm hoch.

L 4.117 (E) Die drei Seitenlängen des Quaders seien a, b und c. Alle Längen sind in cm, und wir lassen beim Rechnen zur Vereinfachung die Einheiten weg. Dann gilt für das Volumen des Wassers $120 = 2ab = 3ac = 5bc$. Damit erhalten wir $120 \cdot 120 \cdot 120 = (2ab) \cdot (3ac) \cdot (5bc) = 30a^2b^2c^2$. Also gilt $120 \cdot 120 \cdot 4 = (abc)^2$, woraus $abc = 240$ folgt. Das Volumen des Glaskastens ist $240\,cm^3$.

L 4.118 (B) Wir bezeichnen die drei Kantenlängen des Quaders mit a, b und c. Die Flächeninhalte der Seitenflächen sind dann ab, ac und bc, und für das Volumen des Quaders gilt $abc = \sqrt{(abc)^2} = \sqrt{(ab) \cdot (ac) \cdot (bc)} = \sqrt{ABC}$.

L 4.119 (D) Das Oktaeder setzt sich aus zwei vierseitigen Pyramiden zusammen. Wenn wir von oben schauen, sehen wir, dass sie eine quadratische Grundfläche haben (s. Abb.). Da die Ecken des Oktaeders die Seitenmittelpunkte des Würfels sind, lässt sich mit dem Satz des Pythagoras die Seitenlänge der quadratischen Grundfläche berechnen, $\sqrt{\left(\frac{1}{2}\right)^2 + \left(\frac{1}{2}\right)^2} = \frac{\sqrt{2}}{2}$, und daraus ihr Flächeninhalt, $A_G = \left(\frac{\sqrt{2}}{2}\right)^2 = \frac{1}{2}$. Die Höhe der beiden Pyramiden ist jeweils gleich der halben Kantenlänge des Würfels, $h = \frac{1}{2}$, ihr Volumen also $\frac{1}{3} \cdot A_G \cdot h = \frac{1}{3} \cdot \frac{1}{2} \cdot \frac{1}{2} = \frac{1}{12}$. Damit ist das Volumen des Oktaeders $2 \cdot \frac{1}{12} = \frac{1}{6}$.

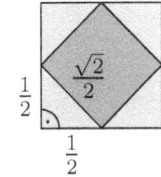

L 4.120 (B) Die Seitenlänge des Würfels bezeichnen wir mit a. Dann ist die Summe der Höhen von gegenüberliegenden Pyramiden gleich a. Damit erhalten wir für die Summe der Volumina von gegenüberliegenden Pyramiden

$$\frac{1}{3} \cdot a^2 \cdot h_1 + \frac{1}{3} \cdot a^2 \cdot h_2 = \frac{1}{3} \cdot a^2 \cdot (h_1 + h_2) = \frac{1}{3} \cdot a^3$$

Diese Summe ist unabhängig von den Höhen der beiden Pyramiden, da $h_1 + h_2 = a$ gilt. Von den fünf Volumina, die aus der Aufgabe bekannt sind, müssen sich also zwei Paare bilden lassen, die das gleiche Gesamtvolumen haben. Dies gilt nur für $2 + 14 = 5 + 11 = 16$. Also befindet sich die sechste Pyramide gegenüber der Pyramide mit dem Volumen 10 und hat das Volumen $16 - 10 = 6$.

5 Logisches, Kryptisches, Magisches

5.1 Logisches mit und ohne Zahlen

Logikaufgaben aus Schule und Freizeit

L 5.1 (**C**) Da Lenas Passwort mehr als sechs Zeichen hat, ist (**D**) falsch, denn bei (**D**) stehen nur sechs Zeichen. Da die beiden letzten Zeichen Ziffern sind, sind auch (**B**) und (**E**) falsch, denn in beiden Fällen ist mindestens ein Buchstabe unter den letzten zwei Zeichen. Da genau zwei der Buchstaben L, E, N, A groß geschrieben sind, fällt auch (**A**) als Lösung weg, weil hier alle Buchstaben klein geschrieben sind. Übrig bleibt (**C**), wo auch alle Bedingungen zutreffen.

L 5.2 (**C**) Madu könnte mit dem Ausmalen beim Kästchen mit der 1 beginnen und die nach rechts benachbarten Kästchen rot ausmalen. Dann wäre das letzte Kästchen, das er ausmalt, das mit der 8. Wenn Madu mit dem 2. Kästchen beginnt, so endet er beim 9. Kästchen. Beginnt Madu beim 3. Kästchen, so endet er beim 10. Kästchen. Und wenn er schließlich beim 4. Kästchen beginnt, so malt er bis zum letzten, dem 11. Kästchen die Reihe rot aus. In allen 4 möglichen Fällen, das heißt mit Sicherheit, hat Madu die Kästchen 4 bis 8 rot ausgemalt.

L 5.3 (**B**) Da jedes Mädchen mindestens zwei Schwestern hat, gibt es in der Familie mindestens drei Mädchen. Da jeder Junge mindestens zwei Brüder hat, gibt es mindestens drei Jungen. Zur Familie gehören mindestens $3 + 3 = 6$ Kinder.

L 5.4 (**A**) Angenommen, der rote Rucksack würde einem der Mädchen gehören. Dann würde aus der ersten Aussage: „Von dem roten und dem karierten Rucksack gehört nur einer einem Mädchen" folgen, dass der karierte Paul gehört. Aus der zweiten Aussage: „Auch von dem roten und dem grünen Rucksack gehört nur einer einem Mädchen." würde folgen, dass Paul Besitzer des grünen Rucksacks ist. Da Paul aber nur *einen* Rucksack hat, kann die Annahme, dass der rote Rucksack einem Mädchen gehört, nicht richtig sein. Der rote Rucksack gehört also Paul.

L 5.5 (**D**) Die Aussagen (**A**) und (**D**) können nicht beide wahr sein, denn aus (**A**) ergibt sich, dass die Klassenlehrerin 2 Söhne hat, aus (**D**) ergibt sich jedoch, dass sie 3 Söhne hat. Da nur eine der 5 Aussagen falsch ist, müssen (**B**), (**C**) und (**E**) wahr sein. Aussage (**C**) beinhaltet, dass die Lehrerin 5 Kinder hat, darunter wegen (**E**) 3 Töchter, denn Anna hat ja 2 Schwestern. Und damit hat die Lehrerin 2 Söhne. Dann kann Ole nicht 2 Brüder haben, denn so wären es 3 Söhne. Also ist die Lehrerin bei (**D**) durcheinandergekommen.

5.1 Logisches mit und ohne Zahlen

L 5.6 (B) Da Til 4 Bücher mitgebracht hat, haben die drei anderen zusammen $12-4 = 8$ Bücher mitgebracht, wobei jeder eine andere Anzahl Bücher, mindestens jedoch ein Buch, mitgebracht hat. Wir müssen also die Zahl 8 in eine Summe von 3 verschiedenen Zahlen zerlegen, von denen keine 0 und keine 4 ist. Dazu gibt es nur die Möglichkeit $8 = 1 + 2 + 5$. Die gesuchte größte Bücherzahl ist also 5.

L 5.7 (C) Für Daniel kommt nur die Zahlenkombination 1, 2, 4 infrage. Monika kann zwei Zahlenkombinationen wählen: 1, 2, 5 und 1, 3, 4. In beiden Fällen werden genau zwei Zahlen sowohl von Monika als auch von Daniel gewählt, nämlich 1 und 2 bzw. 1 und 4.

L 5.8 (A) Laut der ersten Aussage sitzt Antonia zwischen Maats und Luis. Da Zorah und Gustav nebeneinander sitzen, muss Denise entweder neben Maats oder neben Luis sitzen. Denise kann aber nicht neben Maats sitzen, da sie dort gegenüber von Luis sitzen würde. Folglich sitzt Denise neben Luis.
Es gibt übrigens genau zwei Möglichkeiten für die Reihenfolge der sechs Freunde am Tisch, die zueinander gespiegelt sind.

L 5.9 (A) Die 9 Pfannkuchen, die *nicht* mit Pflaumenmus gefüllt sind, sind genau diejenigen, die mit Erdbeerkonfitüre oder mit Senf gefüllt sind. Da genau 7 Pfannkuchen mit Erdbeerkonfitüre gefüllt sind, müssen die restlichen, also genau $9 - 7 = 2$ Pfannkuchen, mit Senf gefüllt sein.

L 5.10 (A) Von den 15 Kugeln sind 8 Kugeln nicht rot. Dann müssen die restlichen $15 - 8 = 7$ Kugeln rot sein. Von den 15 Kugeln sind 10 Kugeln nicht blau. Daher sind $15 - 10 = 5$ Kugeln blau. Die verbleibenden $15 - 7 - 5 = 3$ Kugeln sind die weißen Kugeln.

L 5.11 (E) Da die gesuchte Zahl keine der Ziffern 7, 6 und 5 enthält, gehört entweder 4 oder 8 aus der Zahl 458 zu den Ziffern der gesuchten Zahl, und diese beginnt entweder mit 4 oder endet auf 8. Da in 431 die eine richtige Ziffer an der falschen Stelle steht, kann nicht 4 die richtige Ziffer sein. Also endet die Zahl auf 8 und enthält genau eine der Ziffern 3 und 1. Von der Zahl 824 wissen wir, dass sie die richtige Ziffer 8 an der falschen Stelle enthält und dass 4 nicht vorkommt. Also gehört 2 zu den gesuchten Ziffern und steht an der falschen Stelle. Da 8 an der Einerstelle steht, kann die 2 nur an der Hunderterstelle richtig sein. Es fehlt die Ziffer für die Zehnerstelle. Dafür fällt die 3 weg, da sie ja dann in 431 an der richtigen Stelle stünde. Die gedachte Zahl heißt 218.

L 5.12 (B) Würde das Camp 10 oder mehr Tage dauern, hätte Bodo mindestens $10 \cdot 2 = 20$ Kugeln gegessen. Würde das Camp 8 oder weniger Tage dauern, so hätte Anja höchstens $8 \cdot 3 = 24$ Kugeln gegessen. Also dauerte das Camp 9 Tage.

L 5.13 (C) Es sind insgesamt $10 + 18 + 12 + 9 = 49$ Muffins, die Luna für den Kuchenbasar mitbringt. Da sie stets 3 Muffins auf Teller legt, muss von 49 eine durch 3 teilbare Zahl abgezogen werden, 48 oder 45 oder 42, wenn wir die Lösungsvorschläge berücksichtigen. Es könnten also nur 1 Muffin oder 4 Muffins oder 7 Muffins übrig bleiben.
Angenommen es bleibt nur 1 Muffin übrig. Dann wären 48 Muffins verteilt worden. Es muss also $48 : 3 = 16$ Teller mit je 3 *verschiedenen* Muffins geben. Darunter kann es höchstens 16 Nussmuffins geben. Also bleiben mindestens 2 Nussmuffins übrig, unsere Annahme ist folglich falsch.
Nun untersuchen wir, ob 4 Muffins übrig bleiben können, also 45 Muffins verteilt werden können. Das funktioniert, wenn wir zum Beispiel auf jeden der nun 15 Teller 1 Nussmuffin legen. Dann würden 3 Nussmuffins übrig bleiben. Von den insgesamt 31 anderen Muffins könnte Luna zum Beispiel auf die ersten 12 Teller die Schokomuffins und abwechselnd 1 Apfelmuffin und 1 Blaubeermuffin legen. Es blieben $10 - 6 = 4$ Apfelmuffins und $9 - 6 = 3$ Blaubeermuffins übrig, die für die noch nicht belegten $15 - 12 = 3$ Teller ausreichen würden. Insgesamt bleiben 1 Apfelmuffin und 3 Nussmuffins übrig. Die gesuchte Zahl ist 4.

L 5.14 (B) Es gibt $65 - 8 = 57$ schwarze Kugeln. Im ungünstigsten Fall werden bei den ersten 11 Zügen nur schwarze Kugeln erwischt, bis 55 schwarze Kugeln heraußen liegen. Spätestens beim 12. Zug ist garantiert eine weiße Kugel dabei.

L 5.15 (D) Bei der Zählung, wie viele SMS jeder der Jugendlichen erhalten oder verschickt hat, wird jede der insgesamt 40 SMS zweimal gezählt, einmal aus Sicht des Versenders und einmal aus Sicht des Empfängers. Entsprechend dieser Zählung wurden insgesamt $2 \cdot 40$ SMS erhalten oder verschickt. Folglich hat Defne $2 \cdot 40 - 4 \cdot 14 = 80 - 56 = 24$ SMS erhalten oder verschickt.

L 5.16 (B) Da jeder der acht Cousins auf *mindestens* zwei Selfies zu sehen ist, erscheint auf allen Selfies zusammen mindestens $2 \cdot 8 = 16$-mal ein Cousin. Da jeder der acht Cousins auf *höchstens* drei Selfies zu sehen ist, erscheint auf allen Selfies zusammen höchstens $3 \cdot 8 = 24$-mal ein Cousin. Und da auf jedem Selfie genau fünf Cousins zu sehen sind, muss die Zahl der insgesamt auf den Selfies erscheinenden Cousins ein Vielfaches von 5 sein. Unter den Zahlen von 16 bis 24 ist allein 20 ein Vielfaches von 5. Also hat Julie $20 : 5 = 4$ Selfies gemacht.
Hier ist ein Beispiel, wie die vier Selfies aussehen könnten:

5.1 Logisches mit und ohne Zahlen

L 5.17 (B) Die Bushaltestelle muss auf dem Abschnitt zwischen den Heimen gebaut werden, da sonst die Summe aller Wege aller Studierenden sicher größer als nötig wäre. Es müssen von beiden Heimen gewiss jeweils 100 Studierende zur Haltestelle laufen. Diese laufen zusammengenommen $100 \cdot 250\,m$, unabhängig davon, wo die Haltestelle sich befindet. Zusätzlich laufen von Heim II noch 50 weitere Studierende zur Haltestelle. Ihr Weg und damit die Summe aller Wege aller Studierenden ist genau dann minimal, wenn die Haltestelle direkt vor Heim II steht.

Logik und Sport

L 5.18 (A) Für jeden Platz wurde nur eine Kuh von genau 2 Wettfreunden auf diesen Platz gesetzt: Susi auf Platz 1 (von Benny und Kjeld), Fea auf Platz 2 (von Egon und Yvonne), Heidi auf Platz 3 (von Benny und Egon), Alma auf Platz 4 (von Kjeld und Yvonne). Der Zieleinlauf war folglich: Susi, Fea, Heidi, Alma.

L 5.19 (B) Alle Spieler, die im Viertelfinale verlieren, scheiden sofort aus und bestreiten damit jeweils nur ein einziges Spiel. Die Verlierer der Halbfinalspiele bestreiten insgesamt zwei Spiele. Die beiden Finalteilnehmer bestreiten als einzige Spieler insgesamt drei Spiele. Wie sich nun leicht durch Nachzählen überprüfen lässt, sind die einzigen Spieler, deren Namen dreimal in der Ergebnisliste auftauchen, Dennis und Carl.

L 5.20 (E) Bei dem Turnier gibt es insgesamt 7 Spiele. Wer zweimal gewonnen hat, hat gewiss im Finale gestanden. Das trifft für Celine und für Giovanna zu. Da Giovanna Celine besiegt hat, ist das das Finalduell gewesen. Es fehlt das Spielergebnis, bei dem Giovanna ihren dritten Sieg errungen hat. Als Gegnerin in diesem Spiel kommt nur eine solche Spielerin in Frage, die in den veröffentlichten Ergebnissen nicht als Verliererin vorkommt. Das ist Elisabeth. Also fehlt das Spielergebnis: Giovanna besiegt Elisabeth.

L 5.21 (C) Max hatte keine Frisbeescheibe dabei. Wenn Yanis keine Frisbeescheibe dabeigehabt hätte, dann hätte Max eine dabeigehabt. Also hatte Yanis eine Frisbeescheibe dabei. Und da Max keine Frisbeescheibe dabeihatte, hatte folglich Fedor eine Frisbeescheibe dabei. Es hatten also Yanis und Fedor gestern eine Frisbeescheibe dabei.

L 5.22 (E) Wäre das Spiel Unentschieden ausgegangen, so wären die 1., die 4. und die 5. Voraussage, also mehr als zwei falsch. Hätte der RSV Kette gewonnen, so wären die vier Voraussagen 1., 2., 3. und 5., also mehr als drei wahr. Folglich hat der RSV Kette verloren und somit sind die Voraussagen 3. und 5. falsch. Also sind die Voraussagen 1., 2. und 4. wahr. Der einzige Spielausgang mit 3 Toren, bei dem der RSV Kette mindestens ein Tor schießt und verliert, ist 1 – 2.

L 5.23 (D) Wäre die 2. Vermutung falsch, dann hätte Lina gewonnen und sowohl die 1. als auch die 3. Vermutung wären richtig. Da aber nur eine Vermutung richtig war, muss die 2. Vermutung richtig sein und die anderen drei falsch. Demzufolge hat wegen 3. entweder Bao oder Kim gewonnen, jedoch wegen 1. weder Lina noch Bao. Folglich hat Kim gewonnen.

Logik und Zeit

L 5.24 (D) Roman dachte, dass der Wochentag, an dem sich die fünf Kinder unterhielten, Donnerstag sei. Dasselbe dachten Emil, Ida und Anja. Bodo hingegen dachte, dass es Freitag sei. Da sich nur ein Kind geirrt hat, ist Bodo derjenige, der sich geirrt hat.

L 5.25 (C) Vom Mittwoch bis zum Sonntag sind es 5 Tage, an denen stets genau zwei der drei Feuerwehrleute Dienst haben. Die drei haben folglich zusammen während der 5 Tage 10 Diensttage. Da Markus an 3 Tagen Dienst hat und Peter an 4 Tagen, hat Frank $10 - 3 - 4 = 3$ Diensttage.

L 5.26 (A) Die Anzahl der Jungen ist höchstens 12, die Anzahl der Mädchen ist höchstens 7. Da eine der Aussagen ganz sicher falsch wird, sobald ein Mitglied zum Orchester dazukommt, müssen genau 12 Jungen und genau 7 Mädchen zum Orchester gehören. Das Orchester hat folglich $12 + 7 = 19$ Mitglieder.

L 5.27 (D) Wenn Theo glaubt, dass es 12:00 Uhr ist, zeigt seine Uhr 12:05 Uhr, da Theo ja glaubt, dass sie 5 Minuten vorgeht. Da Theos Uhr in Wirklichkeit jedoch 10 Minuten nachgeht, ist die tatsächliche Zeit 12:15 Uhr. Da Galinas Uhr 5 Minuten vorgeht, zeigt sie 12:20 Uhr an. Weil Galina jedoch glaubt, dass ihre Uhr 10 Minuten nachgeht, glaubt Galina, dass es bereits 12:30 Uhr ist.

Logisches an ungewöhnlichen Orten

L 5.28 (A) Das Wort EDELSTEINE beginnt und endet mit einem E, was der 8 entspricht. Es kommt daher nur ein Wort mit E am Ende und als 2. Buchstaben infrage, also (A) oder (E). Die beiden Worte SEILE und SEIFE unterscheiden sich nur im vorletzten Buchstaben, L oder F, was der 1 entspricht. Die 1 steht auf der linken Truhe an der 4. Position und steht somit für L. Also ist (A) richtig.

L 5.29 (C) Die Eichhörnchen A, C, D und E erreichen gleichzeitig die jeweils *nächstgelegene* Nuss. Das sind die 1., die 3., die 5. und die 6. Nuss. Die 2. und die 4. Nuss sind noch zu haben. Die 2. Nuss geht klar an Eichhörnchen B und die 4. Nuss an C oder D. Da es C von der 3. zur 4. Nuss näher hat als D von der 5. zur 4. Nuss, ist es Eichhörnchen C, das sich eine zweite Nuss holen kann.

5.1 Logisches mit und ohne Zahlen   183

L 5.30 (D) Der dritte Horcher sieht 5 Ohren, und da jeder Horcher mindestens 2 Ohren hat, muss von den beiden Horchern, die er sieht, einer 2 Ohren und einer 3 Ohren haben. Folglich hat der dritte Horcher $8 - 3 = 7 - 2 = 5$ Ohren.
Lösungsvariante: Addieren wir 7, 8 und 5, so haben wir jedes Ohr doppelt gezählt. Die 3 Horcher haben zusammen folglich 10 Ohren. Ziehen wir davon die Anzahl der Ohren ab, die der 3. Horcher sieht, bleibt 5, die Zahl seiner Ohren übrig, und wir haben hier nicht benutzt, dass jeder Horcher mindestens zwei Ohren hat.

L 5.31 (B) Von den Hügeln A, C und D ist nur einer heute entstanden. Da wir wissen, dass die Hügel A und D bereits gestern entstanden sind, muss Hügel C heute entstanden sein. Da von den Hügeln C und E nicht beide heute entstanden sind, ist Hügel E nicht heute entstanden. Der zweite Hügel, der heute entstanden ist, kann nur Hügel B sein.

L 5.32 (E) Da die Gattung Arctonyx *ausschließlich* in Ost- und Südostasien vorkommt, kommt sie folglich nicht in Australien vor (denn Australien liegt nicht in Asien). Die anderen Aussagen folgen dagegen nicht aus der gegebenen Aussage über die Gattung Arctonyx.
Übrigens kommt die Gattung Meles ausschließlich in Europa und in Asien vor. Daher sind die Aussagen (**A**), (**B**), (**C**) und (**D**) tatsächlich alle falsch.

L 5.33 (C) Wir nehmen an, die Aufschrift der 1. Truhe wäre wahr. Dann wäre die Aufschrift der 2. und der 3. Truhe falsch. Es ist aber nur eine Aufschrift falsch. Daraus folgt, dass die Aufschrift auf der 1. Truhe falsch ist. Folglich sind die beiden anderen Aufschriften wahr und der Spiegel ist in der 3. Truhe.

L 5.34 (B) Da die Anzahl der fleißigen Schüler eine feste Zahl ist, kann nur höchstens eine der Antworten wahr sein. Und da diejenigen Schüler, die die Wahrheit sprechen, genau die fleißigen Schüler sind, kann folglich höchstens ein Schüler fleißig gewesen sein. Wäre kein Schüler fleißig gewesen, so wären alle Aussagen gelogen, insbesondere die erste, die in diesem Fall jedoch der Wahrheit entspräche. Also war genau ein Schüler fleißig, und zwar jener, der „Genau einer." gesagt hat.

L 5.35 (B) Wie rechts mit Pfeilen dargestellt, fassen wir die Darsteller, wie sie nach dem ersten Signal stehen, zu Gruppen zusammen, sodass benachbarte Darsteller, die in dieselbe Richtung schauen, zur selben Gruppe gehören. In jeder Gruppe schaut genau der „vorderste" Darsteller einem seiner Nachbarn ins Gesicht. Da sich in jeder Gruppe folglich genau ein Darsteller verbeugt und sich nach dem ersten Signal insgesamt genau 8 Darsteller verbeugt haben,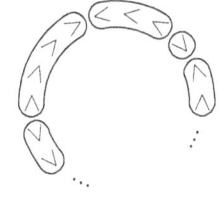
gibt es genau 8 solcher Gruppen. Nach dem zweiten Signal schauen nun genau die zuvor „letzten" einer jeden Gruppe einem ihrer Nachbarn ins Gesicht. Daher verbeugen sich wieder genauso viele Darsteller, wie es Gruppen gibt, also 8.

L 5.36 (C) Mit etwas Glück – oder Erfahrung mit Logikaufgaben – erkennen wir, dass die Aufschrift am Schalter 2 besonders hilfreich ist. Wäre diese Aufschrift falsch, dann gäbe es am Schalter 2 Ausweise und auch alle anderen Aufschriften wären falsch, was ausgeschlossen ist. Folglich ist die Aufschrift am Schalter 2 wahr und alle anderen Aufschriften sind falsch. Also gibt es an den Schaltern 1, 2, 4 und 5 keine Ausweise. Übrig bleibt Schalter 3, an dem es die Ausweise gibt. *Lösungsvariante:* Wir ermitteln für jede der Antwortmöglichkeiten, wie viele der Aufschriften wahr und wie viele falsch sind.

L 5.37 (A) Wir betrachten die vier Hinweise aus der Aufgabe der Reihe nach: (1) „Der Klempner sitzt links neben Olaf." (2) „Der Fliesenleger sitzt gegenüber von Torsten." (3) „Jörg und Ralf sitzen nebeneinander." (4) „Links neben dem Maler sitzt Olaf oder Jörg."
Da der Tisch rund ist, können wir Olaf auf einen beliebigen Stuhl platzieren und den Klempner nach (1) links von Olaf. Wegen (2) kann der Fliesenleger nicht gegenüber von Olaf sitzen. Wäre Olaf der Fliesenleger, würden sich Olaf und Torsten wegen (2) gegenübersitzen und folglich auch Jörg und Ralf, was im Widerspruch zu (3) steht. Der Fliesenleger sitzt also rechts von Olaf. Ihm gegenüber sitzt Torsten. Wegen (4) kann Olaf nicht der Maler sein, denn links neben Olaf sitzt Torsten. Daher sitzt der Maler gegenüber von Olaf. Wegen (4) sitzt links vom Maler folglich Jörg. Also ist Jörg Fliesenleger.
Schließlich folgt noch, dass Olaf Elektriker ist und dass der Maler Ralf heißt.

L 5.38 (E) Angenommen, das 1. Gerücht ist falsch. Dann ist der blaue Wagen *nicht* Vierter geworden und, da die drei anderen Gerüchte wahr sind, ebenso wenig die anderen drei. Folglich muss das 1. Gerücht wahr sein, und daher auch das 3. Gerücht. Angenommen, das 2. Gerücht ist falsch. Dann ist außer dem 1. und 3. Gerücht auch das 4. Gerücht wahr, und weder der grüne noch der weiße Wagen ist Erster. Dann muss der rote Wagen Erster geworden sein, und der weiße und der grüne Wagen sind Zweiter und Dritter. Dieser Einlauf ist möglich. Wäre das 4. Gerücht falsch, dann gäbe es zwei Erste oder zwei Vierte – im Widerspruch zu Quintus' vertrauenswürdiger Aussage. Nur das 2. Gerücht kann das falsche Gerücht sein, der rote Wagen wurde Erster, der blaue Letzter.

L 5.39 (B) Da die Ganoven (G) gelogen haben, sitzt neben jedem Ganoven mindestens ein Ehrenmann (E). Da die Ehrenmänner die Wahrheit gesagt haben, müssen neben jedem Ehrenmann zwei Ganoven sitzen. Da an dem runden Tisch 7 Männer sitzen, können die Ganoven und Ehrenmänner nicht abwechselnd sitzen. Also sitzen irgendwo am Tisch zwei Ganoven nebeneinander (G–G). Links und rechts daneben muss jeweils ein Ehrenmann sitzen (E–G–G–E), neben dem jeweils ein weiterer Ganove sitzt (G–E–G–G–E–G). Der 7. Mann am Tisch sitzt zwischen diesen beiden Ganoven, muss also auch ein Ehrenmann sein. Insgesamt sitzen 4 Ganoven am Tisch.

5.2 Logisches Lückenfüllen

Einfache Ausfüllrätsel

L 5.40 (E) In der mittleren Zeile stehen 3 Kreise, deren Summe 12 ist. Also steht der Kreis für $12 : 3 = 4$. Da die Summe in der oberen Zeile 15 ist, muss die Summe von Stern und Herz $15 - 4 = 11$ sein. Stern und Herz tauchen zusammen auch in der unteren Zeile auf – wir kennen ihre Summe. Damit erhalten wir für den 3. Summanden in dieser Zeile $16 - 11 = 5$, das ist Herz. Und nun erhalten wir, ebenfalls aus der unteren Zeile, dass der Stern für $16 - 2 \cdot 5 = 6$ steht. wir

L 5.41 (A) Die vorletzte waagerechte Reihe enthält schon die Zahlen 2, 3 und 4. Es fehlen 1 und 5. Die 1 kann nicht links neben dem grauen Feld stehen, da es in dieser senkrechten Reihe bereits eine 1 gibt. Also gehört die 1 ins graue Feld.

L 5.42 (D) In die auszufüllenden Kreise haben wir Buchstaben eingetragen, um die Lösung besser darstellen zu können. Wir betrachten zuerst die beiden linken Fünfeckseiten. Es muss $7 + 3 + a = a + 1 + b$ sein. Da a in beiden Summen auftaucht, muss $7 + 3 = b + 1$ sein. Also ist $b = 9$. Nun betrachten wir die untere und die rechte Fünfeckseite. 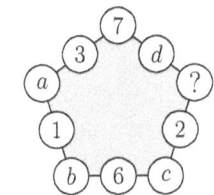 Hier muss $b + 6 + c = c + 2 + ?$ sein. Wir setzen $b = 9$ ein und erhalten, da c in beiden Summen auftaucht, $9 + 6 = 2 + ?$. Die gesuchte Zahl ist folglich die 13. Für a, für c und für d können beliebige Zahlen eingetragen werden, wobei allerdings stets $a + 10 = c + 15 = d + 20$ gelten muss.

L 5.43 (D) Wir haben zwei gerade und drei ungerade Zahlen. Würde eine gerade Zahl in der Mitte stehen, so wäre eine der beiden zu bildenden Summen eine gerade, die andere eine ungerade Zahl, Gleichheit also ausgeschlossen. Folglich kommen nur 3, 5 und 7 für das Mittelfeld in Frage. Da $2 + 7$, die größte mögliche Summe mit der 2, kleiner als $5 + 6$ ist, kann 3 nicht in der Mitte stehen; 5 und 7 sind möglich.

L 5.44 (C) Die Zahl im grauen Feld ist mit 5 anderen verbunden. Keine dieser 5 Zahlen darf um 1 größer oder um 1 kleiner sein als die Zahl im grauen Feld. Für jede der Zahlen 2, 3, 4, 5 und 6 gibt es aber nur jeweils 4 Zahlen, die *nicht* unmittelbar benachbart sind: Für die 2 sind das 4, 5, 6 und 7, für die 3 sind das 1, 5, 6 und 7, für die 4 sind das 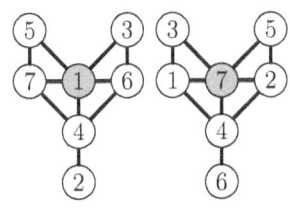 1, 2, 6 und 7, für die 5 sind das 1, 2, 3 und 7, für die 6 sind das 1, 2, 3 und 4. Die Zahlen 2, 3, 4, 5 und 6 können also nicht im grauen Feld stehen. Die beiden Bilder zeigen, dass es mit 1 und mit 7 im grauen Feld mögliche Belegungen gibt.

L 5.45 (B) Die 3 oben links hat genau drei benachbarte graue Felder, hinter denen folglich Smileys stecken müssen. Damit sind dann bereits sowohl bei der 2 in der ersten Spalte als auch bei der 2 in der dritten Spalte schon die erforderlichen zwei Smileys vorhanden. Hinter den anderen benachbarten Feldern stecken keine Smileys. Dann muss der dritte Smiley der 3 in der dritten Spalte hinter dem Feld ganz oben rechts stecken. Und für den einen Smiley, der zum Feld mit der 1 benachbart ist, steht nur das Feld unten links zur Verfügung. Insgesamt sind fünf Smileys versteckt.

☺	3	3	☺
2	☺	☺	
			2
☺	1		

L 5.46 (C) Von den Zahlen, die nicht im grauen Kreis stehen, stehen die kleinste und die größte auf einer Linie, denn sonst hätten die Zahlen auf der Linie, wo die kleinste Zahl steht, eine kleinere Summe als die Zahlen auf der Linie, wo die größte Zahl steht. Dann stehen auch die zweitkleinste und die zweitgrößte Zahl sowie die drittkleinste und die drittgrößte Zahl auf einer Linie. Wenn die 3 im grauen Kreis steht, stehen auf den drei Linien 4 und 9, 5 und 8 sowie 6 und 7, die jeweils wie gefordert, die gleiche Summe haben. Ebenso kann die Figur mit der 6 im grauen Kreis gefüllt werden (dann stehen auf den drei

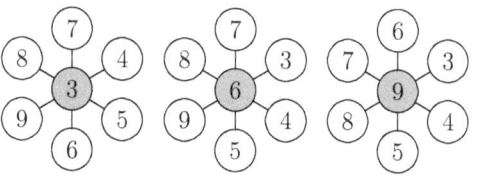

Linien 3 und 9, 4 und 8 sowie 5 und 7) und mit der 9 im grauen Kreis (dann stehen auf den drei Linien 3 und 8, 4 und 7 sowie 5 und 6). Die ausgefüllten Zahlenblumen sind abgebildet. Wenn die 4 im grauen Kreis steht, müssten 3 und 9 auf einer Linie stehen sowie 5 und 8, deren Summe aber nicht gleich ist. Genauso finden wir, dass auch 5, 7 und 8 nicht im grauen Kreis stehen können. Im grauen Kreis können also nur 3, 6 und 9 stehen. Die gesuchte Summe ist $3 + 6 + 9 = 18$.

Lösungsvariante: Wenn wir uns vorstellen, dass alle Kreise richtig ausgefüllt sind, so ist die Summe der jeweils drei Zahlen auf den drei Linien gleich. Das bedeutet, dass wir bei Addition dieser drei Summen eine durch 3 teilbare Zahl erhalten. In dieser Summe steckt die Zahl im grauen Kreis dreimal und alle anderen je einmal. Wenn wir jede der eingetragenen Zahlen genau einmal davon abziehen, also $3 + 4 + 5 + 6 + 7 + 8 + 9 = 42$, so erhalten wir das Doppelte der Zahl im grauen Kreis. Dieses Ergebnis – und somit auch die Zahl im grauen Kreis selbst – ist als Differenz zweier durch 3 teilbarer Zahlen ebenfalls durch 3 teilbar. Die Beispiele zeigen, dass 3, 6 und 9 im grauen Kreis stehen können. Damit ist die gesuchte Summe $3 + 6 + 9 = 18$.

5.2 Logisches Lückenfüllen   187

L 5.47 (D) Wir bezeichnen die Zahl rechts von der bereits eingetragenen 2 mit a und die Zahl darunter mit b. Nach Voraussetzung gilt $2+a = a+b$ und somit $b = 2$. Analog gilt $a+b = b+3$ und folglich $a = 3$. Nun sehen wir leicht, dass die Bedingung der Aufgabe nur dann erfüllt sein kann, wenn jede Zwei sowohl waagerecht als auch senkrecht lauter Dreien als Nachbarn hat und jede Drei lauter Zweien. Das fertig ausgefüllte 3×3-Feld ist rechts abgebildet. Damit ist die Summe aller eingetragenen Zahlen $5 \cdot 2 + 4 \cdot 3 = 22$.

2	a	
	b	3

2	3	2
3	2	3
2	3	2

Kompliziertere magische Figuren

L 5.48 (C) Wie in der linken Zeichnung bezeichnen wir die Zahlen links oben, in der Mitte oben und in der Mitte mit x, y und z (wobei diese Zahlen nicht notwendigerweise verschieden sein müssen).

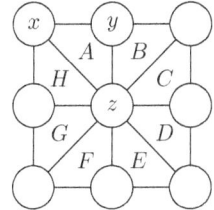
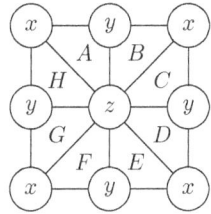

Die Dreiecke A und B müssen dieselbe Summe haben. Daher muss in der Ecke rechts oben die Zahl x stehen. Die Dreiecke B und C müssen dieselbe Summe haben, also steht rechts in der Mitte wieder y. Die Dreiecke C und D haben ebenso dieselbe Summe, also steht rechts unten sicher wieder x, und so weiter. Schließlich sind die Zahlen so verteilt wie in der rechten Zeichnung. Es kommen also nur die Zahlen x, y und z vor, und folglich können nicht mehr als drei Zahlen auftreten. Umgekehrt stellen wir fest: wenn wir für x, y und z drei verschiedene Zahlen wählen, dann haben alle 8 kleinen Dreiecke dieselbe Summe $x + y + z$. Also ist eine Lösung mit drei verschiedenen Zahlen möglich. Diana kann daher höchstens 3 verschiedene Zahlen verwenden.

L 5.49 (E) Wenn wir alle Zeilensummen addieren, dann erhalten wir die Summe aller eingetragenen Zahlen, also $1 + 2 + \ldots + 9 = 45$. Dasselbe Ergebnis erhalten wir, wenn wir alle Spaltensummen addieren. Folglich ist die Summe aller Zeilensummen *und* Spaltensummen gleich der doppelten Summe aller eingetragenen Zahlen, also 90. Die fehlende 6. Summe ist somit $90 - (12 + 13 + 15 + 16 + 17) = 90 - 73 = 17$. Das Bild zeigt ein mögliches 3×3-Feld von Oliana.

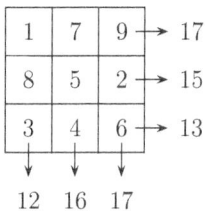

L 5.50 (E) An das Feld mit der 2 grenzt genau ein Feld mehr als an das Feld mit der −4, und zwar das mittlere Feld mit dem Fragezeichen. Da die Summe der an das Feld mit der 2 angrenzenden Felder um $2 - (-4) = 6$ größer ist als die Summe der an das Feld mit der −4 angrenzenden Felder, gehört in das mittlere Feld also die 6. Die einzige mögliche Eintragung ist rechts zu sehen.

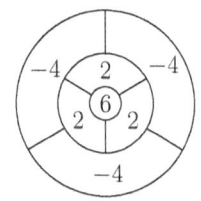

L 5.51 (A) In den oberen der sieben Kreise gehört $1 + 2 = 3$. Es sei x die gesuchte Zahl im mittleren Kreis. Da die 1 die Summe der Zahlen 3, x und der Zahl im Kreis unterhalb der 1 ist, gehört in den Kreis unterhalb der 1 die Zahl $1 - 3 - x = -2 - x$. Mit derselben Überlegung erhalten wir für den Kreis unterhalb der 2 die Zahl $2 - 3 - x = -1 - x$ und schließlich für den Kreis ganz unten $(-2 - x) + x + (-1 - x) = -3 - x$. Für den mittleren Kreis gilt also $x = 1 + 2 + (-3 - x)$, bzw. $2x = 0$ und folglich $x = 0$. Damit ergibt sich gleichzeitig, dass die Belegung der sieben Kreise eindeutig ist.

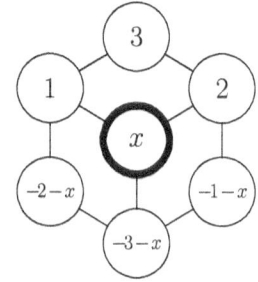

L 5.52 (E) Wir schreiben für die Zahl im Feld oben in der Mitte zwischen 20 und 18 die Variable x und berechnen, was in den beiden Nachbarfeldern steht. Dann gilt $(x + 20) + (x + 18) = x$, also $x = -38$. Folglich sind die Einträge von der 20 aus im Uhrzeigersinn: 20, −18, −38, −20, 18, 38, 20, −18, −38, −20, 18, 38. Das Fragezeichen steht für −38.

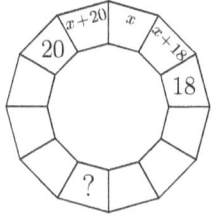

L 5.53 (E) In der unteren Schicht der Würfelpyramide liegt jeder Eckwürfel unter genau einem Würfel der mittleren Schicht. Jeder Würfel der unteren Schicht, der in der Mitte einer Kante liegt, liegt unter genau zwei Würfeln der mittleren Schicht. Der mittlere Würfel der unteren Schicht liegt unter allen vier Würfeln der mittleren Schicht. Da jeder Würfel der mittleren Schicht dieselbe Masse hat wie die vier direkt unter ihm liegenden Würfel zusammen, ebenso der oberste Würfel, steckt in der Masse des obersten Würfels also einmal die Masse jedes Eckwürfels der unteren Schicht, zweimal die Masse jedes Kantenmittenwürfels und viermal die Masse des mittleren Würfels. Wir bezeichnen die Summe der Massen dieser Würfeltypen in der unteren Schicht mit E, K bzw. M. Die Masse des obersten Würfels beträgt also $E + 2 \cdot K + 4 \cdot M$. Damit diese Masse größtmöglich ist, muss M größtmöglich sein, da M vierfach in die Summe eingeht. M ist genau dann größtmöglich, wenn E und K kleinstmöglich sind. Und weil K doppelt in die Summe eingeht, ist zunächst E am kleinsten zu wählen. Da die Maßzahlen der

5.2 Logisches Lückenfüllen 189

Massen der Würfel voneinander verschiedene ganze Zahlen sind, ist der kleinstmögliche Wert, den E annehmen kann, $E = 1+2+3+4 = 10$. Der kleinstmögliche Wert, den K annehmen kann, ist $K = 5 + 6 + 7 + 8 = 26$. In diesem Fall gilt $M = 50 - E - K = 50 - 10 - 26 = 14$. Die größtmögliche Masse des obersten Würfels ist folglich $E + 2 \cdot K + 4 \cdot M = 10 + 2 \cdot 26 + 4 \cdot 14 = 118$ Gramm.
Dass die Würfel in der unteren Schicht wirklich so verteilt werden können, dass alle 14 Würfel voneinander verschiedene Massen haben, lässt sich durch ein Beispiel zeigen.

L 5.54 (B) Zuerst berechnen wir das Produkt P, das die Zahlen in jeder Zeile, jeder Spalte und den beiden Diagonalen haben. Das Produkt der Zahlen in den drei Zeilen ist einerseits $P \cdot P \cdot P = P^3$, andererseits $1 \cdot 2 \cdot 4 \cdot 5 \cdot 10 \cdot 20 \cdot 25 \cdot 50 \cdot 100 = 1000^3$, wie sich durch geschicktes Zusammenfassen finden lässt. Also gilt $P = 1000$. In das rechte Feld der ersten Zeile gehört also

20	1	50
25	10	4
2	100	5

die Zahl $1000 : (1 \cdot 20) = 50$. Die beiden fehlenden Zahlen in der mittleren Spalte haben das Produkt $1000 : 1 = 1000$, was recht groß ist. Wäre die 100 keine dieser beiden Zahlen, so wäre ihr Produkt jedoch höchstens $10 \cdot 25 = 250$. Also muss eine der beiden Zahlen die 100 sein, und zwar diejenige in der unteren Zeile, da sonst das Produkt in beiden Diagonalen zu groß ist. Im mittleren Feld steht folglich die Zahl $1000 : (1 \cdot 100) = 10$ und rechts unten $1000 : (20 \cdot 10) = 5$. Die gesuchte Zahl ist $1000 : (50 \cdot 5) = 4$.

L 5.55 (C) Die Summe aller Zahlen, die einzutragen sind, ist $5 \cdot (1 + 2 + 3 + 4 + 5) = 75$, woraus für die drei Teilgebiete jeweils $75 : 3 = 25$ folgt. Im Teilgebiet unten links können höchstens 3 Fünfen stehen, da es nur 3 Zeilen sind. Trügen wir weniger als 3 Fünfen ein, so wäre die Summe höchstens $2 + 2 \cdot 5 + 3 \cdot 4 = 24$. Bei 3 Fünfen kann wegen $25 - 2 - 3 \cdot 5 = 8$ die Summe 25 nur mit 2 Vieren erreicht werden (s. Abb. oben).
Da in den drei linken Spalten und den drei unteren Zeilen bereits eine 5 steht, darf im mittleren Teilgebiet keine 5 stehen. Also stehen oben rechts genau 2 Fünfen. Würden wir dort weniger als 3 Vieren eintragen, so wäre die Summe höchstens $2 \cdot 5 + 2 \cdot 4 + 2 \cdot 3 = 24$, es müssen also drei Vieren sein. Als sechste Zahl bleibt dann die $25 - 2 \cdot 5 - 3 \cdot 4 = 3$. Für das Ausfüllen dieses Teilgebiets gibt es nun nur die Möglichkeit, dass oben rechts die 3 steht.
Das gesamte Quadrat lässt sich übrigens eindeutig ausfüllen wie die Abbildung zeigt.

1	2	4	5	3
3	1	2	4	5
5	3	1	2	4
4	5	3	1	2
2	4	5	3	1

HANSER

So macht Mathe richtig Spaß!

Mathe mit dem Känguru

Bd. 1: Die schönsten Aufgaben von 1995 bis 2005. ISBN 978-3-446-40713-8
Bd. 2: Die schönsten Aufgaben von 2006 bis 2008. ISBN 978-3-446-41647-5
Bd. 3: Die schönsten Aufgaben von 2009 bis 2011. ISBN 978-3-446-42820-1
Bd. 4: Die schönsten Aufgaben von 2012 bis 2014. ISBN 978-3-446-44259-7

- Die ungewöhnlichen Aufgaben der letzten Känguru-Wettbewerbe
- Nach Schwierigkeitsgrad (3.-13. Klasse) untergliedert
- Mit ausführlichen Lösungswegen und Ergebnissen

Mehr Informationen finden Sie unter **www.hanser-fachbuch.de**